铁路科技图书出版基金资助出版

不对称高压脉冲轨道电路

李文涛　主编

中国铁道出版社有限公司

2020·北　京

内 容 简 介

本书主要阐述不对称高压脉冲轨道电路系统的工作原理、关键技术和相关技术规范，分为五章，主要内容包括：GZ-2007A 型不对称高压脉冲轨道电路系统、BGM 型不对称高压脉冲轨道电路系统、GMG-GX 型不对称高压脉冲轨道电路系统、不对称高压脉冲轨道电路的计算及仿真。

本书可供铁路信号专业技术人员学习，也可供各类职业院校相关师生学习参考。

图书在版编目(CIP)数据

不对称高压脉冲轨道电路/李文涛主编．—北京：中国铁道出版社有限公司，2020.3

ISBN 978-7-113-26359-1

Ⅰ.①不… Ⅱ.①李… Ⅲ.①轨道电路－脉冲电路 Ⅳ.①U284.23

中国版本图书馆 CIP 数据核字(2019)第 248449 号

书　　名：**不对称高压脉冲轨道电路**
作　　者：李文涛

责任编辑：李嘉懿　**编辑部电话**：010-51873147　**电子信箱**：dianwu@vip.sina.com
封面设计：宿　萌
责任校对：苗　丹
责任印制：高春晓

出版发行：中国铁道出版社有限公司（100054，北京市西城区右安门西街 8 号）
网　　址：http://www.tdpress.com
印　　刷：中国铁道出版社印刷厂
版　　次：2020 年 3 月第 1 版　2020 年 3 月第 1 次印刷
开　　本：880 mm×1 230 mm　1/32　**印张**：7.125　**字数**：216 千
书　　号：ISBN 978-7-113-26359-1
定　　价：40.00 元

前　　言

不对称高压脉冲轨道电路技术是为解决轨面生锈和污物引起的列车分路不良而研制的。20世纪80年代，我国开始研制高压脉冲轨道电路并通过技术鉴定，命名为“不对称高压脉冲轨道电路”。2008年以来，伴随着全路范围内的分路不良整治，不对称高压脉冲轨道电路得到了越来越广泛的应用，成为站内轨道电路的重要组成部分。

本书对不对称高压脉冲轨道电路的发展历程、技术特点、设备构成、工程设计、安装调试、维护和故障处理等方面进行了全面、详细的介绍，使我国从事铁路研究开发、工程实施、运营维护、使用管理等相关技术人员，能够更加深入地了解和掌握不对称高压脉冲轨道电路系统的工作原理、关键技术和相关技术规范。在第五章还对不对称高压脉冲轨道电路的计算和仿真进行了详细讲解，利用计算机建立的宽频电路模型分析出道砟电阻和补偿电容对轨道电路传输特性的影响，对不对称高压脉冲轨道电路的实际使用具有一定的指导意义。

本书由李文涛主编，任国桥主审，具体编写分工如下：

第一章由李文涛、李智宇、杨轶轩、乔志超编写；

第二章由白英杰、李文涛、乔志超、杨晓锋、高斌编写；

第三章由张海旭、赵喜桢、侯江涛、罗能斌、高斌编写；

第四章由潘广明、寇海军、禹雪松、李文涛、纪金编写；

第五章由乔志超、李继隆、刘锐冬、高斌编写。

参加本书审定的人员有杨晓锋、许明。

衷心感谢铁路信号专家安海君、王耀杰对本书的大力支持与帮助，在此一并表示衷心感谢。

由于编者的水平及精力有限，书中内容及表述不全面、不准确乃至错误之处在所难免，热忱欢迎广大读者以及行业内专家、学者对本书提出批评、指正意见，以使编者对本书内容不断地改进和完善。

编者

2019 年 10 月

目　　录

第一章　绪　　论

第一节　轨道电路的发展过程和分类

一、轨道电路的发展过程

轨道电路，是以铁路线路为导体构成的电路，通过车列轮对短路钢轨分路轨道内信号，引起接收端信号降低，实现占用检查。轨道电路出现于19世纪70年代，拉开了铁路信号自动化控制的序幕，至今已有140多年历史，经历了从机械、到电气、到电子等工业的几个发展时代，由于轨道电路具备固有的鲜明特点，在信息化程度已经高度发达的今天，轨道电路仍旧具有不可替代的技术优势，在法国、日本、西班牙、澳大利亚、美国、英国等国家均在普速和高速铁路上广泛使用该项技术。

根据铁路运输安全和效率的需要，不断出现了各种类型的轨道电路，典型轨道电路如图1-1所示。

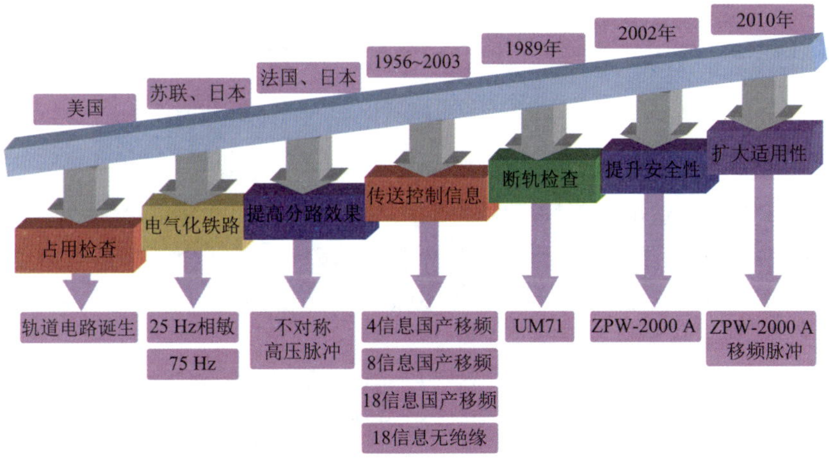

图1-1　轨道电路发展的典型类型

1. 轨道电路的诞生

随着列车对数的增加和运行速度的提高，列车事故率开始飞速增加，不能明确反映列车空闲与占用轨道是导致列车事故频发的主要因素。为了检查列车占用钢轨线路状态，1870 年美国人鲁滨逊发明了开路式轨道电路，次年，开路式轨道电路得到了应用，由于他认为开路式轨道电路在故障—安全上没有保证，1872 年成功研制了闭路式轨道电路。此外，还具备了断轨检查功能，图 1-2 为鲁滨逊宣传轨道电路能够检查断轨的广告明信片。

图 1-2　鲁滨逊宣传轨道电路能够检查断轨的广告明信片

2. 25 Hz 相敏和 75 Hz 轨道电路

闭路式轨道电路很快应用到多条铁路线上。1900 年前后，直流电气化铁路出现，由于直流轨道电路抗干扰能力差，出现了交流轨道电路，典型的有 25 Hz 相敏和 75 Hz 等轨道电路。

3. 高压脉冲轨道电路

在不常走车的站内轨道电路区段，钢轨形成的铁锈使轮轨间接触电阻增大，造成分路不良。1953 年开始，法国和日本相继研制了高压脉冲轨道电路，通过高压脉冲对轮轨间锈层击穿（瞬间功率近万瓦），从而大幅度改善了分路不良。

该系统是不对称高压脉冲轨道电路的前身，我国在 20 世纪 80 年代从法国引入。

4. 国产移频轨道电路

随着自动闭塞的应用，1965 年，我国研制成功了 4 信息移频轨道电路，构成了三显示自动闭塞系统，大大提高了列车通过的效率。随后研制了 8 信息四显示自动闭塞系统和 18 信息速差式移频自动闭塞系统，保证了行车安全，提高了通过能力。

5. UM71 轨道电路

为了提高轨道电路的抗干扰能力，实现断轨检查功能，1989 年，借助郑-武线电气化改造工程，我国从法国引进了 UM71 无绝缘轨道电路。其特点为：用调谐式电气绝缘节替代原有机械绝缘节，满足了长钢轨的应用；选择较高载频信号(1 700 Hz、2 000 Hz、2 300 Hz 和 2 600 Hz)；采用 18 个低频信息(从 10.3～29 Hz，以 1.1 Hz 间隔递增)，分别代表不同的速度和间隔控制信息。UM71 轨道电路制式符合了我国铁路运输高密度、高速度和重载的发展方向。

6. ZPW-2000 系列无绝缘轨道电路

ZPW-2000 轨道电路系列(亦含 UM71、UM71-98 等法国引进部分)成为我国轨道电路的统一制式。

在对 UM71 轨道电路引进、消化、吸收和再创新的基础上，2002 年，我国成功研制了 ZPW-2000A 型移频轨道电路，并通过铁道部鉴定。该轨道电路特点为：解决了全程断轨检查、调谐单元断线检查、抗拍频干扰和减小了调谐区分路死区等安全技术难题；延长了轨道电路传输长度；研发了 SPT 数字信号电缆，增加了电缆传输距离；构成了发送、接收双机冗余系统。在系统的安全性、可靠性、可维修性及降低工程造价上都达到了国际先进水平。

7. ZPW-2000A 型移频脉冲轨道电路

为了一次性解决高铁站内遇到分路不良、绝缘破损检查、谐波干扰、绝缘节烧损及击穿四大“顽疾”，北京全路通信信号研究设计院自 2009 年开始研制 ZPW-2000A 型移频脉冲轨道电路，该系统利用高压脉冲轨道电路和 ZPW-2000A 型移频脉冲轨道电路各自的优点，将移频信号和脉冲信号叠加在一起，发送器发出叠加信号、接收器予以分离和解调，利用

"与"关系进行轨道电路工作正常判断，任何一种轨道电路失效均认为轨道电路故障，从而提高了提高轨道电路安全性。该系统充分发挥两种信号的各自优势，弥补单一制式轨道电路功能的不足。

二、轨道电路的分类

轨道电路分类方式很多，包括按照接线方式、供电性质、牵引方式、安装位置、绝缘方式和用途等，具体分类如下：

1. 按接线方式可分为闭路式和开路式

(1)闭路式轨道电路。平时轨道继电器吸起，有车时轨道继电器落下，能检查轨道电路完整和设备状态，符合信号设备的"故障—安全"原则，目前大部分轨道电路采用该方式。

(2)开路式轨道电路。平时轨道继电器落下(电路处在开路状态)，有车时轨道继电器吸起，不能检查轨道电路完整和设备状态，不符合信号设备的"故障—安全"原则，只能在有特殊要求的场合进行应用，如道口出清、半自动到达等区段。

2. 按信号传输电流性质可分为直流和交流

(1)直流轨道电路。在轨道电路中传输的是直流电流，如JWXC-2.3等。

(2)交流轨道电路。在轨道电路中传输的是交流信号电流，常用的交流轨道电路有JZXC-480、25 Hz相敏、国产移频、UM71、ZPW-2000等。

(3)脉冲轨道电路。在轨道电路中传输的脉冲式信号，最典型的就是不对称高压脉冲轨道电路。

3. 按牵引方式可分为电气化区段轨道电路和非电气化区段轨道电路

(1)电气化区段轨道电路。因在轨道中传输的既有信号电流，还有牵引电流，所以轨道电路要有防牵引电流干扰的措施。目前25 Hz相敏、25 Hz交流计数、高压脉冲、国产移频和UM71、ZPW-2000等都可以在电气化区段使用。

(2)非电气化区段轨道电路。轨道电路为50 Hz工频正弦信号，只能用于非电力牵引区段。如JWXC-480交流连续式轨道电路和50 Hz交流计数轨道电路等。

4. 按设备安装位置可分为分散式安装轨道电路和集中式安装轨道电路

(1)分散式安装。主要设备都安放在现场轨道旁，分散式安装的工作环境差、维修不方便，但是投资少，便于改造，在普速铁路仍有比较广的应用。

(2)集中式安装。除了信号机、轨道箱外，发送、接收等设备均安放在机械室内，用信号传输电缆连接室内外设备。因其主要设备放在室内，工作环境稳定、维修方便而得到了广泛的应用。如国产移频、ZPW-2000等。

5. 按有无绝缘分为有绝缘轨道电路和无绝缘轨道电路

(1)有绝缘轨道电路。相邻轨道电路间采用机械绝缘节隔离，绝缘节包括胶接绝缘和尼龙绝缘等，目前，站内轨道电路大部分采用该方式，如25 Hz相敏轨道电路和不对称高压脉冲轨道电路。

(2)无绝缘轨道电路。相邻轨道电路间采用电气绝缘节隔离，电气绝缘节包括谐振式和自然衰耗式等，主要运用在闭塞区间(如UM71、ZPW-2000移频等)。

6. 按用途主要可分为站内、区间、驼峰和道口轨道电路

(1)站内轨道电路。适用于站内的主要有25 Hz、不对称高压脉冲、ZPW-2000、ZPW-2000A型移频脉冲等制式。站内轨道电路还可分为无岔区段、有岔区段和股道三种。

(2)区间轨道电路。适用于区间的主要有国产移频、UM71和ZPW-2000等制式。

(3)驼峰轨道电路。适用于驼峰峰下制动部位道岔区段的有JWXC-2.3型闭路式轨道电路。

(4)道口轨道电路。适用于铁路与公路的平交道口接近报警或离去解除报警用。适用于道口报警的主要有DK·SW、DK·Y3道口控制器和道口计轴装置等。

第二节　轨道电路分路不良

轨道电路包含发送装置、接收装置，将钢轨作为传输通道。接收端通常驱动一个继电器(轨道继电器)，在没有车通过的情况下，轨道继电器保持吸起状态；当有列车分路时，两根钢轨间短路，导致轨道继电器落下。

因此只有当分路足够好时，轨道电路才能正常工作。在一些特定的环境下，轨道电路的安全防护功能将无法实现。例如，轮缘的氧化层(尤其当列车长时间没有使用时)或者轨面的不良导电层(尤其在少走车区段)或者轨面上粘有绝缘物质(如撒沙或刹车时)，都会导致分路不良，而分路不良正是影响轨道电路正常应用的主要问题。

一、分路不良问题简介

2007 年年底，全路站内轨道电路分路不良区段总数量达到 36 744 段，25 Hz 相敏轨道电路占 65%，JZXC-480 轨道电路占 34.6%。

2008 年站内轨道电路因分路不良产生“压不死”问题造成了多起行车事故，成为当时全路运输安全的重大隐患之一，也严重影响着运输效率。为此提出了一些整治措施，并进行了技术论证和试验验证。高压脉冲作为方案之一也随着分路不良整治慢慢成熟起来。

分路不良区段在列车占用时不能可靠实现对轨道电路的电气短路，无法完成列车占用检查，可造成以下两种后果：一是进路提前错误解锁，道岔中途转换造成挤岔、脱线等事故；二是列车尾部未出清时错误显示道岔区段空闲，从而引起侧面冲突等事故。分路不良区段的大量存在是当前行车安全的一个重大隐患，已成为一项全路急需解决的重要安全技术问题，并得到了全路各级管理和技术部门的极大重视。从 2004 年开始，多个厂家采用不同的技术方式，从不同的角度进行研究，希望彻底消灭分路不良区段，保证运输安全。

二、分路不良问题的原因分析

列车占用时轨道电路分路如图 1-3 所示，分路电阻＝轮轨接触电阻＋轮轴电阻＋轮轨接触电阻，因此图 1-3 定义轨道电路分路不良为：当列车占用轨道区段时，其分路电阻超出规定的标准分路电阻，不能使轨道电路失能落下，而表示为区段空闲。

因此，造成轨道电路分路不良的根本原因是轮轨接触电阻出现异常，轮轨接触电阻增大，从而造成分路电阻超过了标准的分路灵敏度。归纳包括车轮异常、轨面异常、轮轨接触异常 3 类。

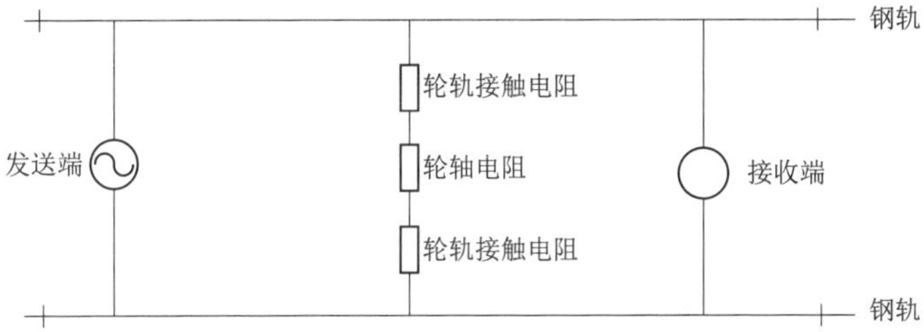

图 1-3 轨道电路分路示意图

三、分路不良问题的研究现状

轨道电路分路不良是一个世界各国铁路普遍遇到的问题，从 20 世纪 50 年代，国外就对轨道电路分路不良问题进行专项研究，并形成了一套解决分路不良的措施和方法。

1. 国际推荐标准

国际铁路联盟《UIC 737-2 改善轨道电路分路灵敏度的措施》通过引入击穿电压——击穿不良导电层所需要的最小电压，研究表明在轻车、短车、重污染钢轨、少走车的情况下，必须同时满足以下条件才能确保可靠分路：

(1)在钢轨上施加大于击穿电压的一个电压，这个电压需要被设置在大约 80 V 以覆盖住大部分的情况；

(2)提供足够能量以保持电力击穿的电压，这个电压通常被设置在 2 V 左右；

(3)接收器的落下门限高于电力击穿电压。

2. UIC 推荐的改善分路的方法

(1)轨旁设备解决方案：高压脉冲轨道电路、轨道继电器吸起延时、轨道电路促进器；

(2)列车解决方案：轨道电路分路助手、轮缘表面清洁；

(3)其他解决办法：钢轨表面清洁、防锈表面、计轴、轨道电路顺序占用。

3. 国外的解决措施

(1)欧洲

法国采用"轨道电路方式"实现列车占用、出清检查，除高速铁路外，站内广泛采用高压不对称脉冲轨道电路。英国也采用高压脉冲轨道电路解决站内的分路不良问题。近十余年来，高压脉冲轨道电路在解决抗干扰及提高故障—安全性能上有了新的发展:发送器改用四种频率,接收器使用时间校核、脉冲信号频率循环检测技术,与许多故障—安全信号设备类同,继电器已用可编程逻辑器件替代,提高了识别发送器信号特征能力,ALSTHOM 生产的新型高压脉冲设备已大量采用,在 UIC 737-2 标准中,也推荐采用高压脉冲轨道电路解决站内分路不良问题。

欧洲各国对于严重分路不良的区段,采用在钢轨表面焊接"Z"形不锈钢钢带的办法,防止因钢轨生锈造成分路不良。

(2)日本

从 1978 年日本加古川道口事故后,日本对国内的轨道电路分路不良进行了长期研究。把分路不良区段的接收端轨面电压调整到 3 V 以上,取得了良好的效果;对于走车非常少的区段,开发了脉冲轨道电路,采用 100 V 高压脉冲解决严重分路不良的问题。

4. 国内推荐标准及解决措施

2010 年《铁路信号维修安全技术研究——解决轨道电路分路不良的研究》建议可根据车流量的大小来确定轨道电路分路不良严重性等级,共分为 5 级:

(1)重度分路不良区段:每季或更久有一辆列车通过,轨面峰值电压 80 V 峰值。

(2)中度分路不良区段:每月至少有一辆列车通过,轨面峰值电压 20 V 峰值。

(3)轻度分路不良区段:每周至少有一辆列车通过,轨面峰值电压 6 V 峰值。

(4)分路良好区段:每天均有多列列车通过,轨面峰值电压应不小于 1.1 V 峰值。

5. 2008 年实施的站内轨道电路分路不良整治提出的四种整治措施

(1)轨道电路方案:采用高压脉冲轨道电路方案和多特征脉冲轨道电路方案。

(2)轨面熔覆堆焊方案。

(3)监控盒方案。

(4)计轴方案。

四种方案的对比见表 1-1。

表 1-1　站内轨道电路分路不良整治方案对比

序号	解决方案	简介	优点	缺点
1	轨道电路方案	利用轨道电路传输至钢轨的高压信号将锈层击穿，实现分路	固有故障—安全原则、实时监测	受道床影响
2	轨面熔覆堆焊方案	在钢轨表面覆盖或者喷涂某种导电材料，实现分路的目的	简单	失效周期短，需要定期重复实施
3	监控盒方案	在既有轨道基础上提高返还系数，优化分路性能	改造简单	解决能力有限
4	计轴方案	利用安装在钢轨的闭环传感器监督列车车轮对经过数，从而实现轨道的空闲和占用检查	不受环境影响	抗干扰性能差

第三节　不对称高压脉冲轨道电路综述

高压脉冲轨道电路诞生于分路不良问题的解决中，不对称高压脉冲轨道电路的前身是高压脉冲轨道电路，为 20 世纪 80 年代引进法国 HVI (High Voltage Impulse)轨道电路而研制开发的一种轨道电路，于 1984 年 10 月通过技术鉴定，在我国电气化建设的初期，曾在原郑武、鹰厦、南昆等线路开通应用多年，截至目前，武汉局江岸站、南昌局城头站、西坑站等仍为不对称脉冲轨道电路制式，并在稳定使用。在 20 世纪 90 年代，由于不对称脉冲轨道电路不能实现与 UM71 电码化的叠加，不能满足提速需要，同时由于一送多受区段受端设计共用一台轨道继电器造成安全隐患等原因，逐步被 25 Hz 相敏轨道电路所替代。

近年来，为解决站内轨道电路分路不良问题，相关单位在原不对称脉冲轨道电路的基础上，对其进行了局部改进和完善：实现了与 UM71、ZPW-2000 系列电码化的叠加、预叠加，明确了一送多受区段的受端不能共用一个轨道继电器的设计原则，并提高了轨道电路的抗干扰能力等。其研制的不对称高压脉冲轨道电路于 2007 年 12 月通过了技术审查(详见“关于印发《基于轨道电路解决分路不良整治方案审查意见》的通知”)，作为基于轨道电路解决分路不良整治方案，可在基建和改造工程以及整治工作中选用。自 2008 年初，不对称高压脉冲轨道电路开始在全路范围内应用。

2009 年 5 月在北京召开了“全路轨道电路分路不良专项整治工作会议”(详见运基信号〔2009〕300 号文件)，使用的效果表明分路不良区段选用不对称高压脉冲轨道电路的整治效率较高，但在具体实施过程中存在部分问题，要求相关单位针对现场使用情况对系统进行完善。

2010 年 12 月，专家测试组现场测试后在北京召开了总结会(详见“关于罗敷站、下辛店站站内轨道电路现场测试的通知”)，测试组对西安局罗敷站整站不对称高压脉冲轨道电路进行了测试，测试数据良好，具备整站使用的技术条件。

截至目前，不对称高压脉冲轨道电路已在全国各个路局的分路不良区段广泛应用，分路不良整治效果显著。

不对称高压脉冲轨道电路是由脉冲发送设备、传输通道、脉冲接收设备等连接而成的闭路系统，轨道电路内传输不对称脉冲信号。系统适用于电气化区段和非电气化区段站内及接近区段轨道电路，具有检查轨道区段是否有车占用、实施电码化、故障报警和系统数据监测上传等功能。

不对称高压脉冲轨道电路采用高压脉冲击穿钢轨锈层，有效降低轮一轨接触电阻，分路时接收端电压急剧降低，轨道继电器可靠落下。

不对称高压脉冲轨道电路主要设备包括脉冲发送器、脉冲衰耗器、脉冲接收器、脉冲扼流变压器、脉冲匹配变压器、脉冲隔离器等。室内主要设备实现电子化，电气化区段和非电气化区段通用，室外设备种类少，结构简单，便于现场施工和维护。

不对称高压脉冲轨道电路具有设备故障报警和数据采集监测功能。系统可以实时采集脉冲发送器、脉冲接收器的工作状态，并可把数据传递给集中监测系统。

不对称高压脉冲发送设备用于产生不对称高压脉冲信号，经由室内外接口设备、电缆、轨道线路，传输到脉冲接收设备，脉冲接收设备对接收到的不对称脉冲信号进行处理、判断，满足吸起条件时，驱动轨道继电器可靠吸起，满足落下条件时，轨道继电器可靠落下，完成对轨道区段是否有车占用的检查。

一、概　　念

高压脉冲指其传输的信号为高电压、间断脉冲式信号，不对称指的是其脉冲的正负半周的波形幅值、脉宽不一致，其具体波形如图 1-4 所示。

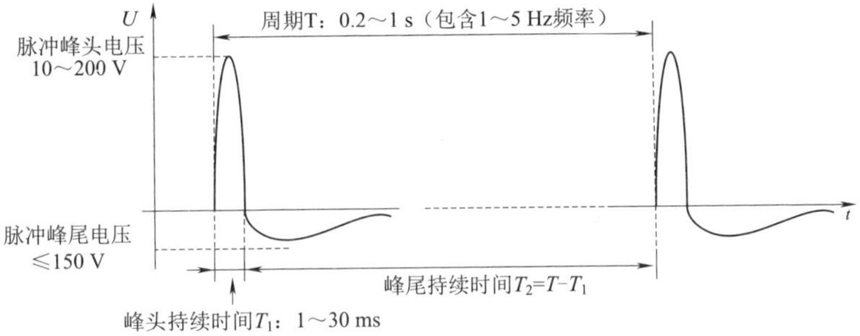

T—周期，T_1—峰头持续时间，T_2—峰尾持续时间测试位置为轨面。

图 1-4　脉冲信号波形示意图

该波形的产生过程如图 1-5 所示，一个周期内，首先电源通过电源变压器和整流环节后，将交流信号变成直流信号对电容充电，充电完成后可控开关导通，电容对外放电形成脉冲信号。

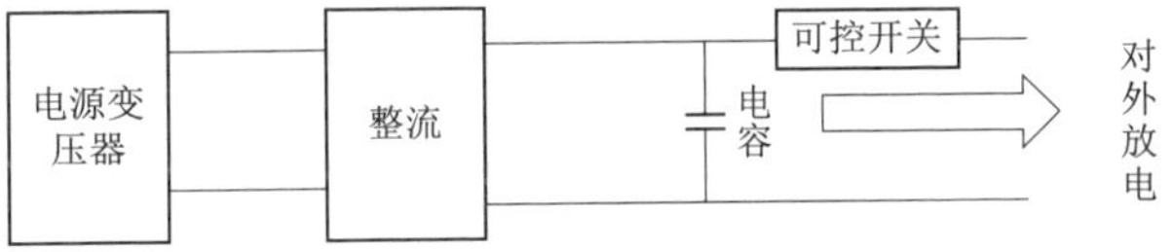

图 1-5　脉冲充放电原理图

目前不对称高压脉冲轨道电路主要有差动继电器型、电子接收器型两种类型，其主要由发送设备、电缆或调整电阻、扼流变压器或轨道变压器、接收设备组成，如图 1-6 所示。

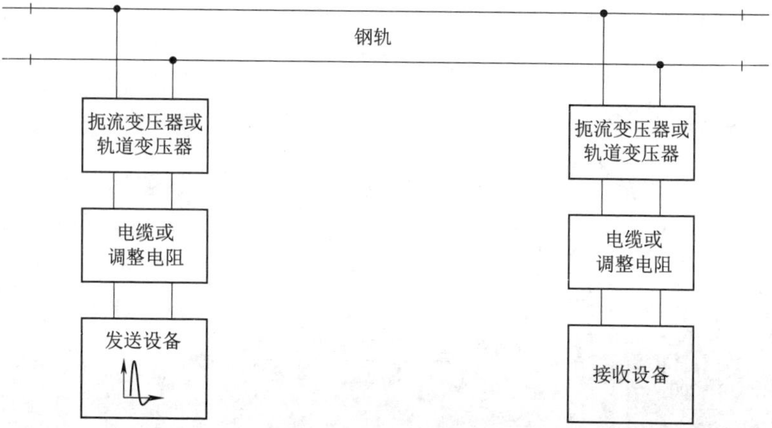

图 1-6　不对称高压脉冲轨道电路系统结构示意图

二、技术特点

不对称高压脉冲轨道电路产生的主要原因是站内轨道电路分路不良问题的存在，其解决分路不良的原理是利用自身的高压信号将钢轨锈层击穿实现分路。

作为分路不良的解决措施，不对称高压脉冲轨道电路具备如下 8 个特点：

(1)系统结构简单：操作简单、易于设计、安装、调试和维护。

(2)实时不间断检测：实时地反映列车占用状态。

(3)环境适应性强：满足连续不间断工作。

(4)中断后快速启动：失电后可以迅速重新启动，不需人为干预。

(5)固有的"故障—安全"特性：其工作符合"故障—安全"原则。

(6)准确定位：以机械绝缘节或电气绝缘节为界，定位边界准确。

(7)实时连续上传信息：可和电码化叠加，通过钢轨给机车信号实时连续地传递信息。

(8)钢轨断轨检查：可以实时检查钢轨断轨。

三、应用范围

不对称高压脉冲轨道电路属于有绝缘、站内、脉冲式轨道电路，可以实现列车占用检查，用于站内及非自动闭塞车站预告(接近)的机械绝缘节区段的轨道电路。

不对称高压脉冲轨道电路新结构可以应用于电气化、非电气化区段，电码化(ZPW-2000(UM)两线制电码化、ZPW-2000(UM)四线制电码化、ZPW-2000(UM)闭环电码化、国产移频电码化)、非电码化区段，发送设备可室内集中布置，也可室外分散布置，各种应用场景的系统结构见表1-2。

表1-2　不对称高压脉冲轨道电路应用场景示意图

类型	室内集中送电		室外分散送电	
	电气化	非电气化	电气化	非电气化
非电码化	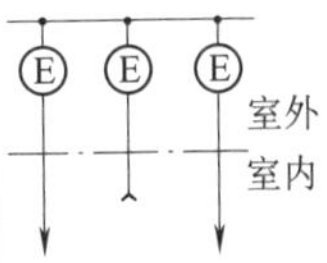	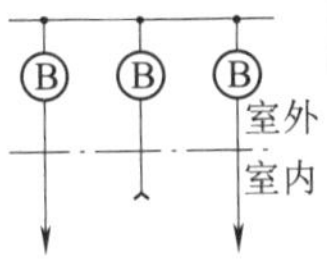	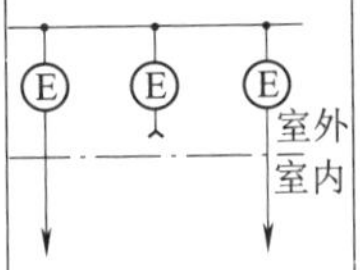	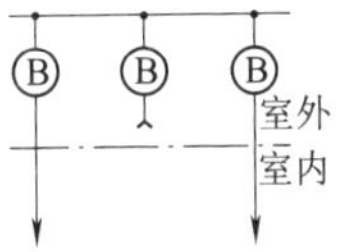
ZPW-2000(UM)两线制电码化	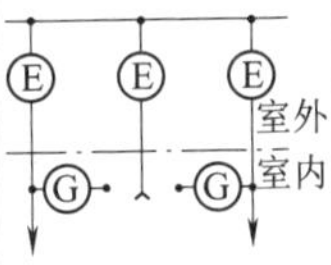	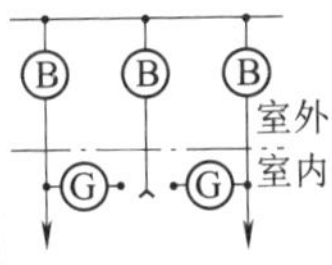	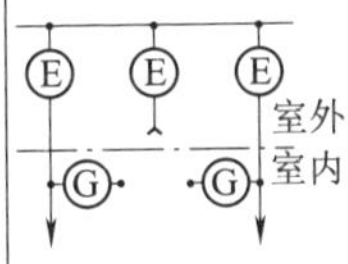	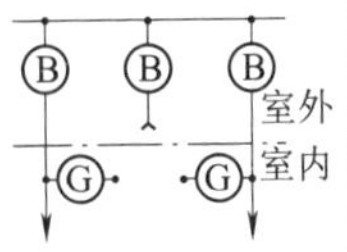
ZPW-2000(UM)四线制电码化	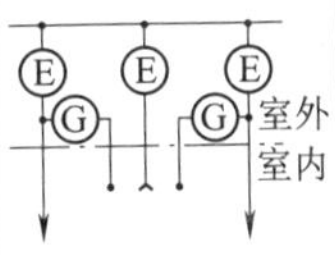	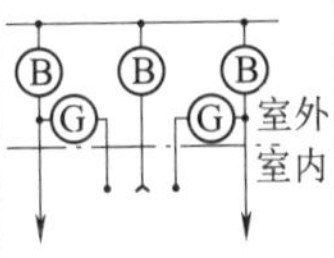	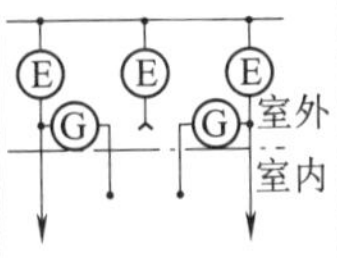	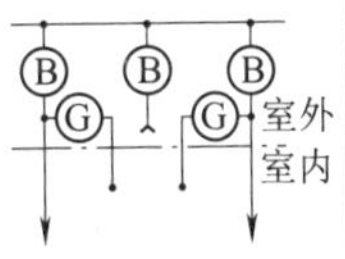
国产移频电码化	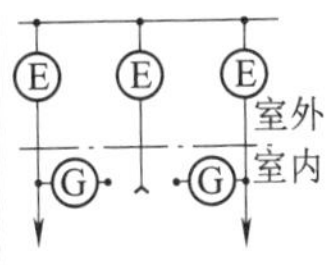	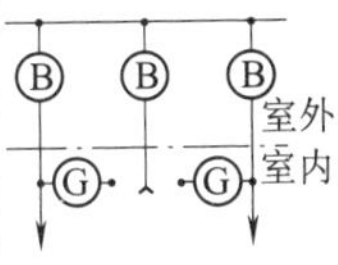	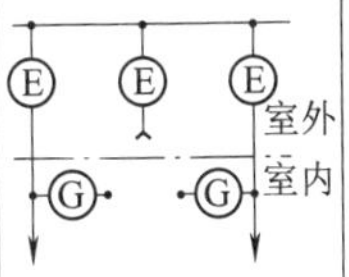	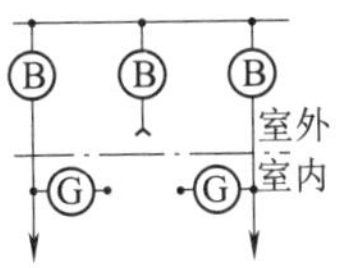

续上表

类型	室内集中送电		室外分散送电	
	电气化	非电气化	电气化	非电气化
ZPW-2000(UM)闭环电码化	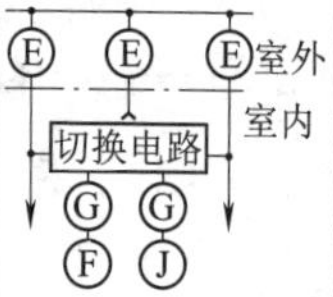	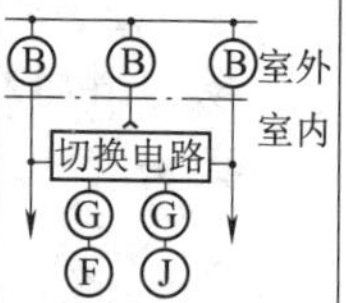	无	无
注：⅄ 轨道电路发送端　↓ 轨道电路接收端　电码化信号接口 (E) 扼流变压器　(B) 轨道变压器　(G) 电码化隔离设备				

四、高压脉冲轨道电路解决分路不良方案

根据不同的区段长度和电缆长度，不对称高压脉冲轨道电路的轨面电压在 20～200 V 之间，适用于分路不良区段，用以解决站内轨道区段的分路不良问题。

1. 不同线路分路现状

为了避免站后轨道电路出现分路不良而产生大量的运营和维护成本，有必要在根据线路类型提前进行统筹考虑。

根据《铁路技术管理规程(普速铁路部分)》，铁路线路分为：正线、站线、段管线、岔线和特别用途线五种类型。

根据既有线整治经验，各种线路类型分路不良预期情况如图 1-7 所示，分路不良主要存在如下规律。

(1)区间和站内正线行车密度大一般不会发生分路不良；

(2)咽喉区道岔弯股、复线正线间渡线、停车线发生分路不良多；

(3)安全线、避难线、牵出线等末端区段及专用线分路不良严重；

(4)装卸货物的货场易发生分路不良；

(5)对于长期不用的到发线也会出现分路不良。

2. 选用建议

不对称高压脉冲轨道电路应用于站内轨道电路，不仅可以用于分路不良区段，还可以应用于正线、侧线等分路良好区段，以及全站应用实现占用检查。

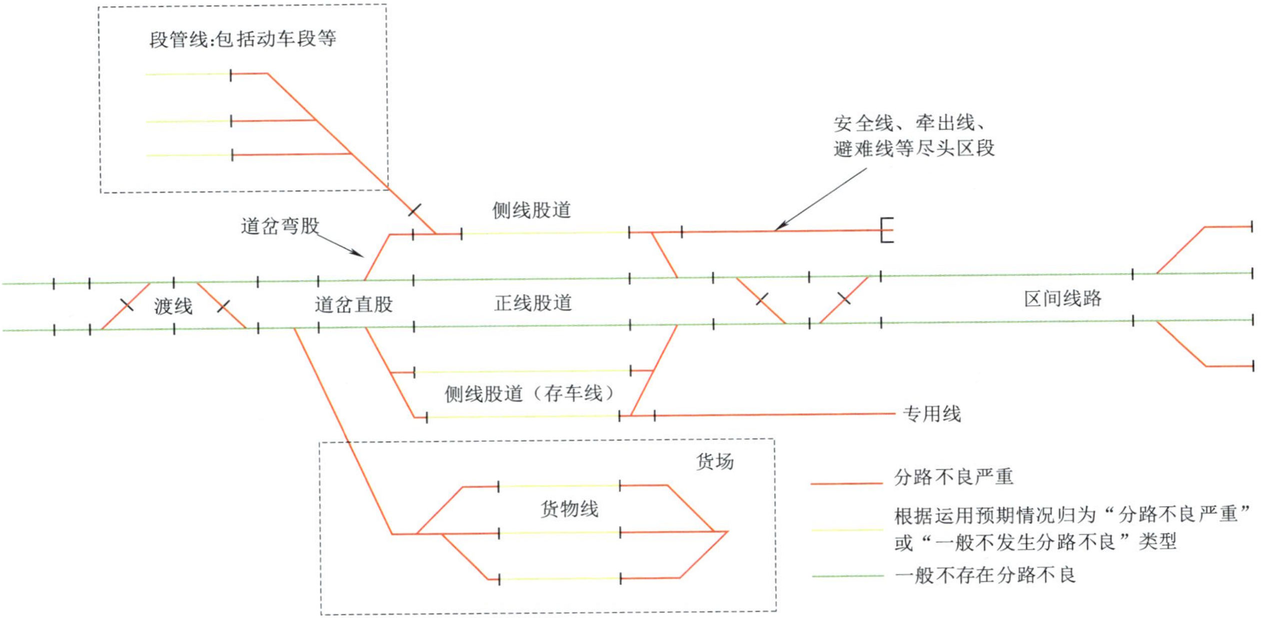

图 1-7　各种线路类型分路不良预期情况

第二章　GZ-2007A 型不对称高压脉冲轨道电路系统

GZ-2007A 型不对称高压脉冲轨道电路由北京全路通信信号研究设计院集团有限公司研制，以下简称多特征脉冲轨道电路。

第一节　系统组成及技术特点

一、系统组成

多特征脉冲轨道电路可以适应电气化/非电气化、室内集中送电、电码化（ZPW-2000A 两线制及四线制、国产移频等）/非电码化等多种运用场景，共包括如图 2-1 所示 10 种类型。

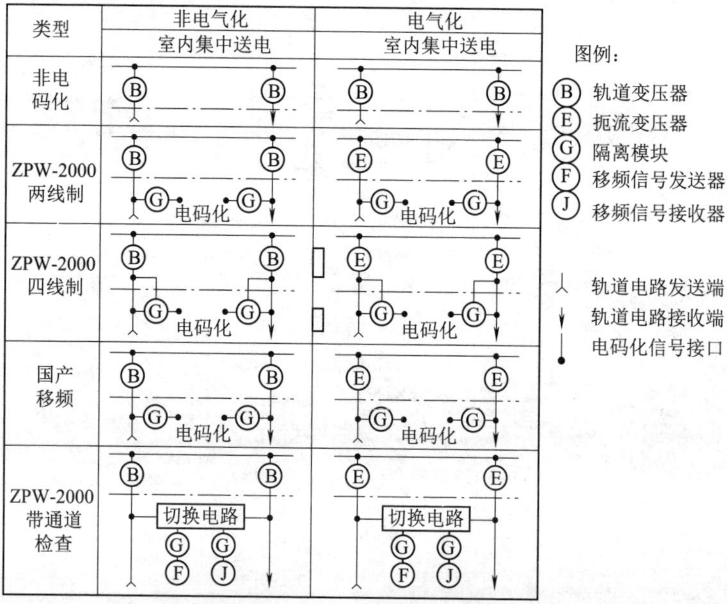

图 2-1　多特征脉冲轨道电路结构分类图

图 2-1 中所列场景对应原理结构如图 2-2～图 2-12 所示。

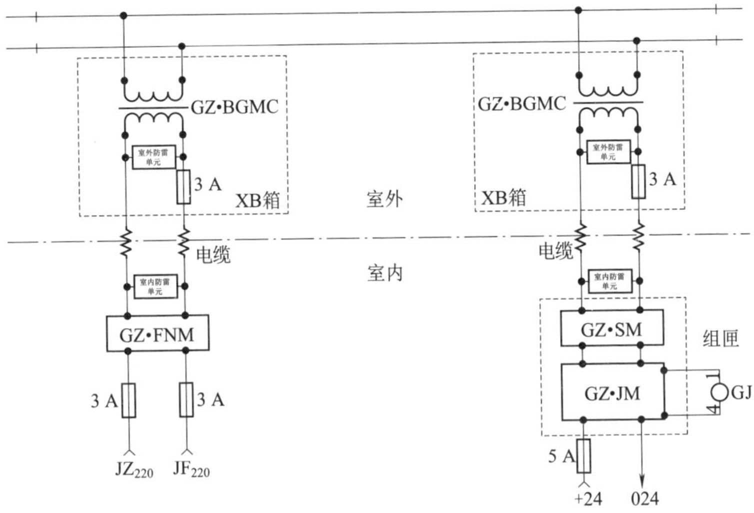

图 2-2　非电气化-非电码化一送一受轨道区段原理结构图

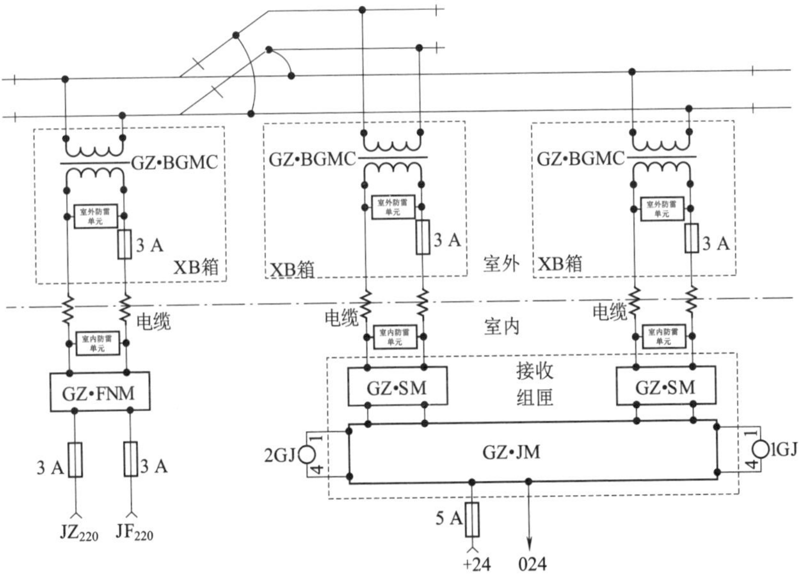

图 2-3　非电气化-非电码化一送两受轨道区段原理结构图

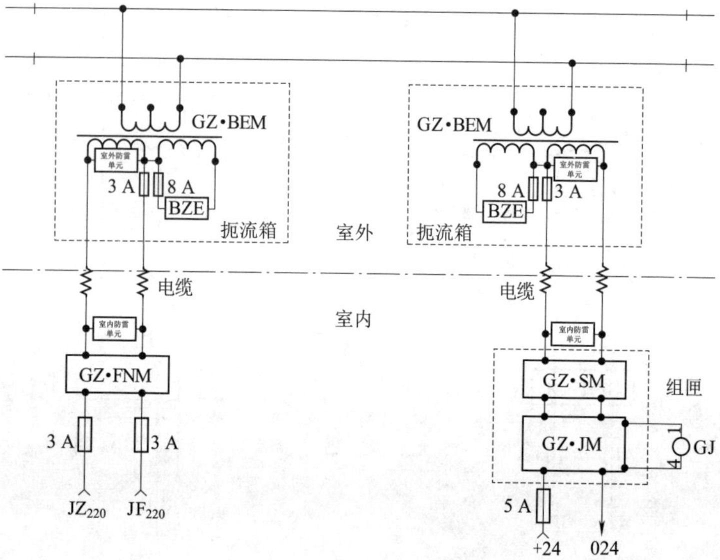

图 2-4　电气化-非电码化一送一受轨道区段原理结构图

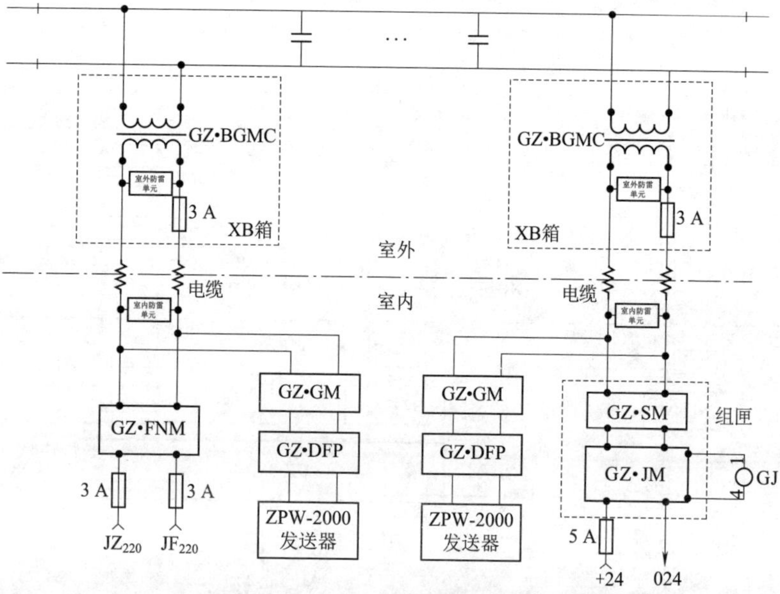

图 2-5　非电气化-ZPW-2000 两线制电码化轨道区段原理结构图

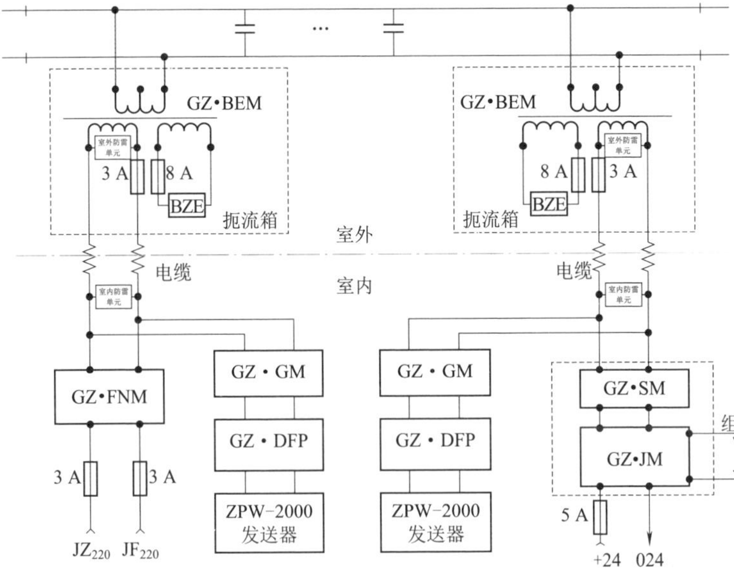

图 2-6 电气化-ZPW-2000 两线制电码化轨道区段原理结构图

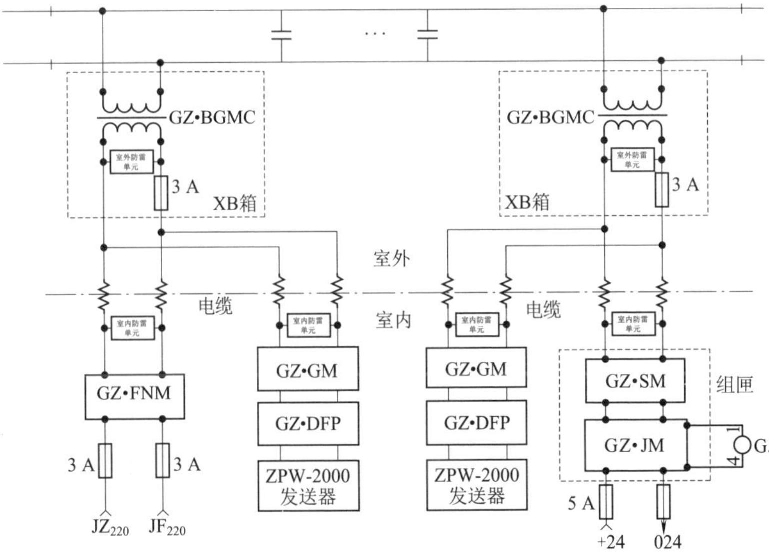

图 2-7 非电气化-ZPW-2000 四线制电码化轨道区段原理结构图

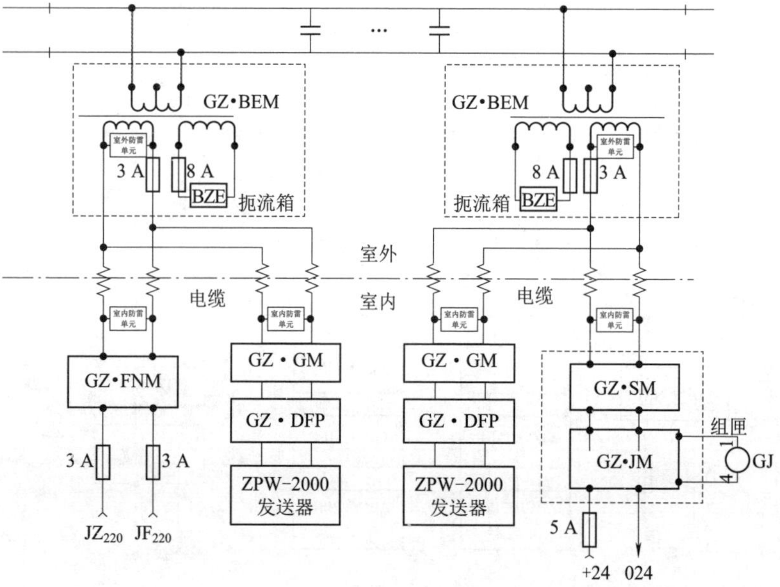

图 2-8　电气化-ZPW-2000 四线制电码化轨道区段原理结构图

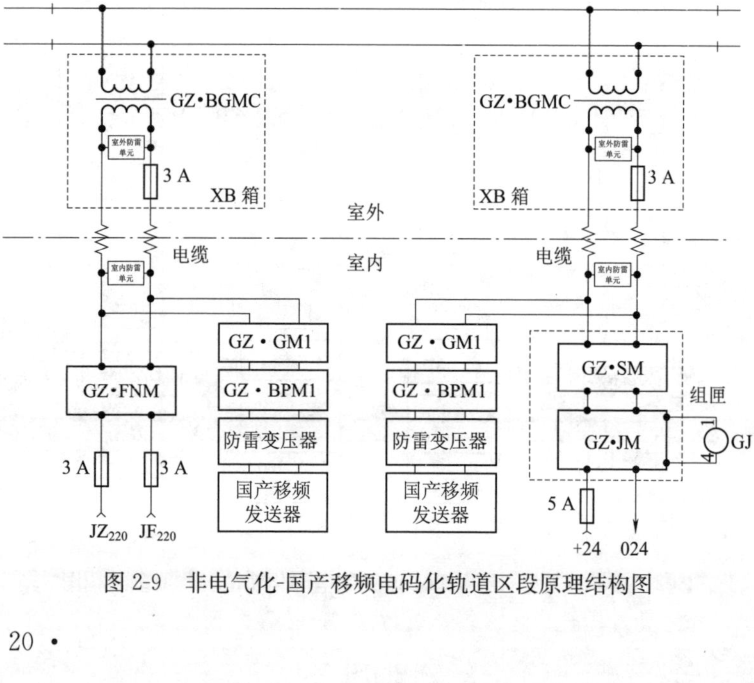

图 2-9　非电气化-国产移频电码化轨道区段原理结构图

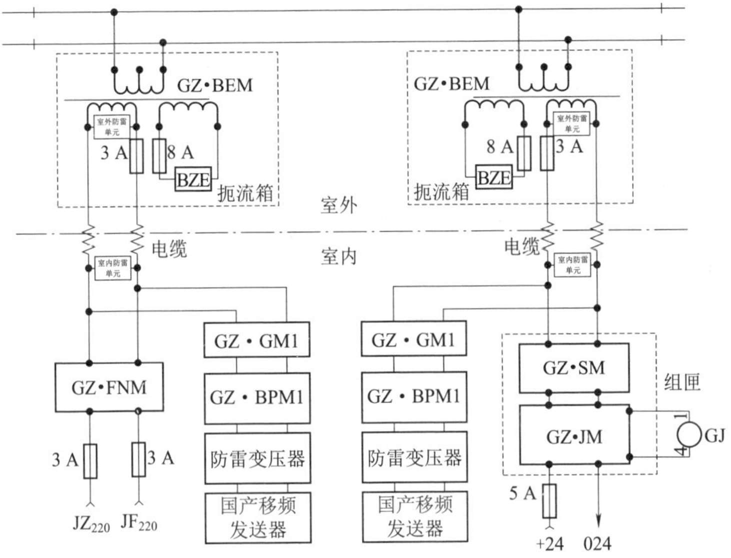

图 2-10　电气化-国产移频轨道区段原理结构图

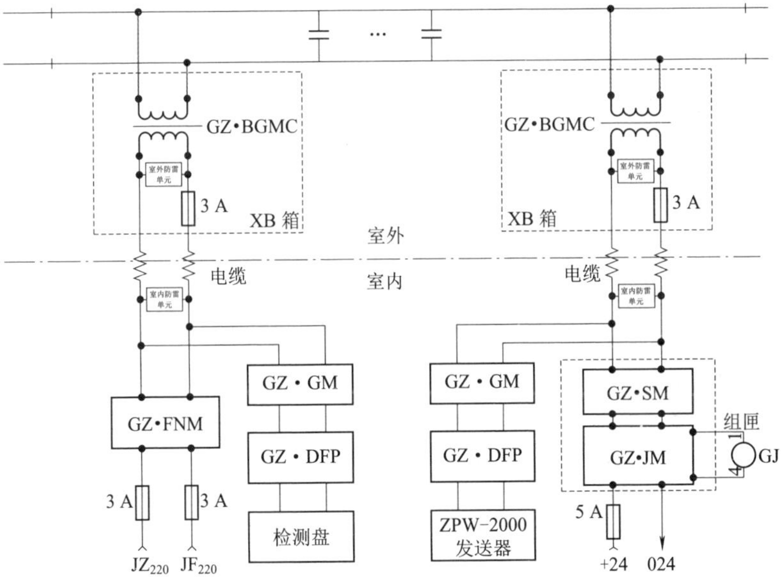

图 2-11　非电气化-ZPW-2000 电码化带通道检查轨道区段原理结构图

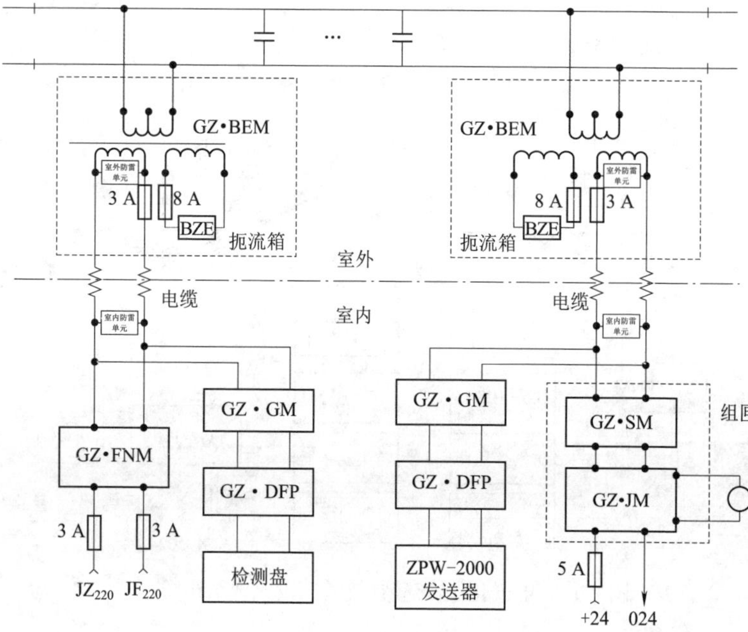

图 2-12　电气化-ZPW-2000 电码化带通道检查轨道区段原理结构图

二、技术特点

1. 信号频率

脉冲信号的频率包括 3.25 Hz、3.5 Hz、3.75 Hz、4.0 Hz，1.45 Hz、1.48 Hz。

2. 轨道电路响应时间

接收器的吸起时间不应大于 2.5 s，落下延迟时间不应大于 1.5 s。轨道电路设备从上电至轨道电路正常工作时间不大于 12 s。

3. 轨道状态输出方式

通过安全型继电器(JWXC-1700 型)表示轨道占用、空闲状态。

4. 区段长度

(1)轨道区段最小长度应满足下列要求：

①需具备锁闭与解锁条件时，不得小于联锁系统正常解锁所需的最小长度(L_{min})，L_{min}应按式 2-1 计算。

$$L_{min1}=v_{max}\times t_1-L_1 \tag{2-1}$$

式中　v_{max}——该区段的最高允许运行速度(m/s)；

t_1——车载信号设备响应时间的最大值(s)；

L_1——最短车长(m)。

②需提供车载信号设备信息时，应满足列车按规定速度运行时车载信号设备可靠工作所需的最小长度。

(2)不对称高压脉冲轨道电路的可靠工作长度应符合表 2-1 要求。

表 2-1　不对称高压脉冲轨道电路的可靠工作长度

区段类型		最小道砟电阻(Ω·km)	轨道电路极限长度(m)
股道及无岔区段		0.6	不小于 900
道岔区段			不小于 400
接近区段	非电码化	1.0	不小于 1 200
	叠加电码化		不小于 900

注:1. 一个区段的道岔数量不宜超过两个，一个区段的接收端数量不应超过三个。
2. 无受电分支长度不应超过 65 m。
3. 本表中道岔区段长度为直股长度与所有受电分支长度之和。

(3)无岔一送两受区段设置要求

无岔区段可按一送两受使用，在区段中部设置送端、区段两侧分别设置受端，送受端之间的长度满足表 2-1 要求。

5. 钢轨阻抗

不对称高压脉冲轨道电路的钢轨参数应符合表 2-2 要求。

表 2-2　钢轨阻抗

钢轨参数	
电阻(Ω/km)	电感(mH/km)
0.308	2.508

6. 标准分路电阻

轨道电路的标准分路电阻取值为 0.15 Ω。

7. 牵引电流

(1)轨道电路用于交流电力牵引区段,钢轨电流不平衡系数不应大于10%,且不平衡电流不应大于 100 A;

(2)应根据钢轨内连续牵引电流值对扼流变压器容量进行合理选择;

(3)轨道电路用于交流电力牵引区段时,采用扼流变压器;用于非交流电力牵引区段时,采用轨道变压器或扼流变压器。

8. 电缆使用

(1)轨道电路应采用符合 TB/T 2476.1、TB/T 2476.2、TB/T 2476.3、TB/T 2476.4 规定的铁路信号电缆及 TB/T 3100.1、TB/T 3100.2、TB/T 3100.3、TB/T 3100.4 及 TB/T 3100.5 规定的铁路数字信号电缆;

(2)发送设备集中放置在室内时,轨道电路送、受端电缆环阻不应大于 50 Ω;

(3)实施电码化时应符合 TB/T 2465 相关规定。

9. 横向连接

(1)横向连接距离应不小于 3 km;

(2)相邻横向连接线禁止接入同一个轨道电路区段上;

(3)同一轨道电路区段,扼流变压器总数不超过 4 台,其中空扼流变压器数量不超过 1 台。

10. 设备冗余

(1)发送器采用“$N+1$”热备冗余方式,冗余切换原理如图 2-13 所示;

(2)接收器采用双机并联冗余运用方式,双机并联运用原理如图 2-14 所示,主并接收器均可以处理 7 路轨道信号。

11. 绝缘破损防护

两个相邻空闲区段,在有扼流变压器中心点连接条件下的单侧钢轨绝缘节破损短路或没有扼流变压器中心点连接条件下的双侧钢轨绝缘节破损短路后,相应区段不应错误表示为空闲状态。

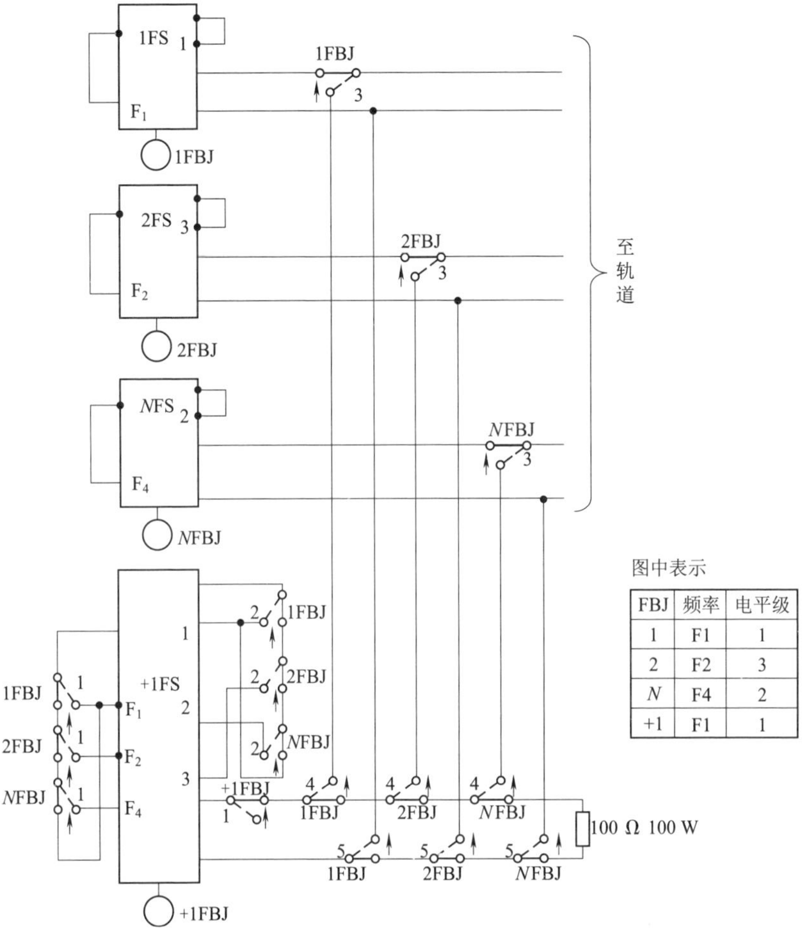

图中表示

FBJ	频率	电平级
1	F1	1
2	F2	3
N	F4	2
+1	F1	1

图 2-13　发送器“$N+1$”冗余切换原理图

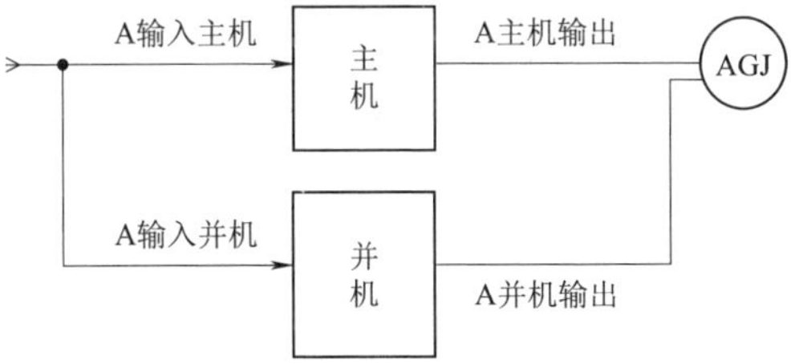

图 2-14　接收器双机并联冗余原理图

第二节　设备构成

GZ-2007A 型不对称高压脉冲轨道电路根据设备放置位置分为室内设备和室外设备。

室内设备包括多特征脉冲室内发送器(以下简称室内发送器)、多特征脉冲接收器(以下简称接收器)、多特征脉冲衰耗器(以下简称衰耗器)、多特征脉冲接收组匣(以下简称接收组匣)、多特征脉冲发送组匣(以下简称发送组匣)、多特征脉冲隔离器(以下简称隔离器)、多特征脉冲匹配防雷单元(以下简称匹配防雷单元)、多特征脉冲匹配变压器(以下简称匹配变压器)、多特征脉冲储能盒(以下简称储能盒)、多特征脉冲隔离器组合(以下简称隔离组合)、多特征脉冲匹配防雷单元组合(以下简称匹配防雷组合)、多特征脉冲匹配变压器组合(以下简称匹配变压器组合)、多特征脉冲磁饱和稳压器(以下简称磁饱和稳压器)、多特征脉冲磁饱和稳压器托盘(以下简称稳压器托盘)、多特征脉冲轨道电路机柜(以下简称轨道电路机柜)。

室外设备包括多特征脉冲轨道变压器(以下简称轨道变压器)、多特征脉冲扼流变压器(以下简称扼流变压器)、多特征脉冲扼流阻抗补偿器(以下简称扼流阻抗补偿器)。

一、多特征脉冲室内发送器

1. 功能

GZ·FNM 型发送器的主要功能如下:

(1)根据配置生成规定频率、规定电压范围的脉冲信号;

(2)能够进行自检,通过驱动发送报警继电器输出故障报警条件。

2. 型号及含义

室内发送器型号 GZ·FNM,型号含义如图 2-15 所示。

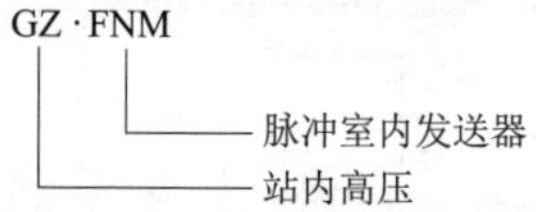

图 2-15　GZ·FNM 型号含义

3. 端子定义

GZ·FNM 型发送器端子示意如图 2-16 所示，端子定义见表 2-3。

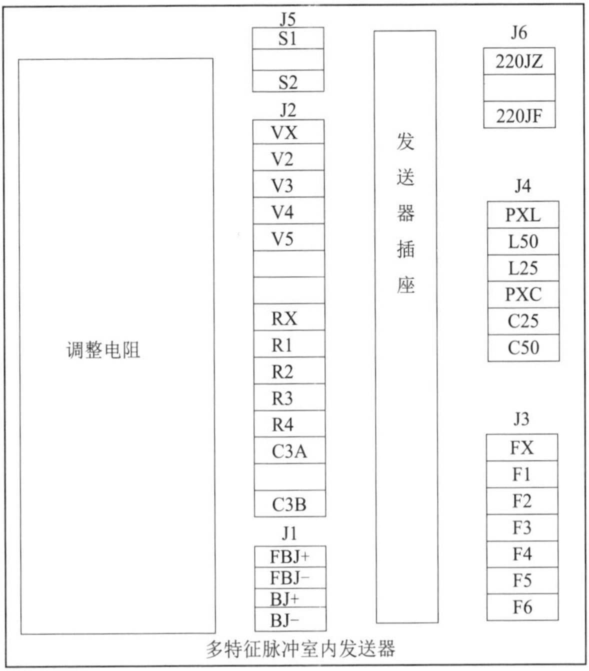

图 2-16　多特征脉冲室内发送器端子示意图

表 2-3　GZ·FNM 型发送器端子定义

序号	端子名称	用　途	序号	端子名称	用　途
1	220 JZ	交流 220 V 电源火线	12	R2	负载电阻调整端子 10 Ω
2	220 JF	交流 220 V 电源零线	13	R3	负载电阻调整端子 5 Ω
3	FX	频率公共端子	14	R4	负载电阻调整端子 0 Ω
4	F1	频率选择端子 3.25 Hz	15	FBJ＋	发送报警继电器
5	F2	频率选择端子 3.5 Hz	16	FBJ－	发送报警继电器回线
6	F3	频率选择端子 3.75 Hz	17	S1	功出端子
7	F4	频率选择端子 4.0 Hz	18	S2	功出端子
8	F5	频率选择端子 1.45 Hz	19	VX	电平公共端子
9	F6	频率选择端子 1.48 Hz	20	V2	电平调整端子端 200 V
10	RX	电阻调整公共端子	21	V3	电平调整端子端 300 V
11	R1	负载电阻调整端子 15 Ω	22	V4	电平调整端子端 400 V

续上表

序号	端子名称	用　途	序号	端子名称	用　途
23	V5	电平调整端子端 500 V	29	PXC	电容选择端子
24	BJ+	检测故障报警条件+	30	C50	50 Hz 电源电容选择
25	BJ-	检测故障报警条件-	31	C25	25 Hz 电源电容选择
26	PXL	电感选择端子	32	C3A	充电电容测试端子
27	L50	50 Hz 电源电感选择	33	C3B	充电电容测试端子
28	L25	25 Hz 电源电感选择			

4. 技术指标

GZ·FNM 型发送器具体技术指标如下：

(1)使用性能如下：

①电源电压：交流　25 Hz 供电时，电源范围为 220 V±11 V；
　　　　　　交流　50 Hz 供电时，电源范围为 220 V±11 V。

②平均电流：正常工作时，电源平均电流不大于 500 mA，电源峰值电流小于 1.7 A。

③驱动能力：驱动 JWXC-1700 安全型继电器。

(2)电气性能技术指标见表 2-4。

表 2-4　发送器电气性能技术指标

序号	项目			指标		配置、电源及负载条件
1	脉冲输出峰头电压(V)	电平级	频率	电源 50 Hz	电源 25 Hz	输入电源：AC 50 Hz和 AC 25 Hz 220 V±1 V； 负载：20 Ω±0.2 Ω/400 W电阻； RX-R4，内部选择电阻 0 Ω； 测试指标为峰头值，S1 为峰头，S2 为峰尾； 该项指标为自动测试台测试
		V2 电平(VX-V2)	3.25 Hz	245×(1±0.05)	251×(1±0.05)	
			3.50 Hz	242×(1±0.05)	248×(1±0.05)	
			3.75 Hz	239×(1±0.05)	245×(1±0.05)	
			4.00 Hz	236×(1±0.05)	243×(1±0.05)	
			1.45 Hz	269×(1±0.05)	272×(1±0.05)	
			1.48 Hz	269×(1±0.05)	272×(1±0.05)	
		V3 电平(VX-V3)	3.25 Hz	373×(1±0.05)	381×(1±0.05)	
			3.50 Hz	368×(1±0.05)	376×(1±0.05)	
			3.75 Hz	364×(1±0.05)	372×(1±0.05)	
			4.00 Hz	359×(1±0.05)	368×(1±0.05)	
			1.45 Hz	408×(1±0.05)	412×(1±0.05)	
			1.48 Hz	407×(1±0.05)	411×(1±0.05)	

续上表

序号	项目			指标		配置、电源及负载条件
1	脉冲输出峰头电压（V）	V4电平（VX-V4）	3.25 Hz	502×(1±0.05)	511×(1±0.05)	输入电源：AC 50 Hz和AC 25 Hz 220 V±1 V； 负载：20 Ω±0.2 Ω/400 W电阻； RX-R4，内部选择电阻0 Ω； 测试指标为峰头值，S1为峰头，S2为峰尾； 该项指标为自动测试台测试
			3.50 Hz	495×(1±0.05)	506×(1±0.05)	
			3.75 Hz	489×(1±0.05)	500×(1±0.05)	
			4.00 Hz	482×(1±0.05)	494×(1±0.05)	
			1.45 Hz	548×(1±0.05)	554×(1±0.05)	
			1.48 Hz	547×(1±0.05)	553×(1±0.05)	
		V5电平（VX-V5）	3.25 Hz	631×(1±0.05)	643×(1±0.05)	
			3.50 Hz	623×(1±0.05)	636×(1±0.05)	
			3.75 Hz	614×(1±0.05)	629×(1±0.05)	
			4.00 Hz	605×(1±0.05)	620×(1±0.05)	
			1.45 Hz	692×(1±0.05)	698×(1±0.05)	
			1.48 Hz	691×(1±0.05)	697×(1±0.05)	
2	脉冲频率（Hz）	频率F1（FX-F1）		3.25±0.04		输入电源：AC 50 Hz 220 V±1 V； 负载：20 Ω±0.2 Ω/400 W电阻；TRX-TR4内部选择电阻0 Ω
		频率F2（FX-F2）		3.50±0.04		
		频率F3（FX-F3）		3.75±0.04		
		频率F4（FX-F4）		4.00±0.04		
		频率F5（FX-F5）		1.45±0.01		
		频率F6（FX-F6）		1.48±0.01		
3	电源平均电流（mA）	V5电平		≤500		输入电源：AC 50 Hz 220 V±1 V；脉冲频率：F4； 负载：20 Ω±0.2 Ω/400 W电阻；TRX-TR4内部选择电阻0 Ω
4	电源峰值电流（A）			<1.7		
5	FBJ＋、FBJ－电压（V）	V5电平		24±2.0		输入电源：AC 50 Hz 220 V±1 V；脉冲频率：F4； 负载：20 Ω±0.2 Ω/400 W电阻；TRX-TR4内部选择电阻0 Ω。FBJ＋、FBJ－之间连接JWXC-1700型继电器

5. 设备安装

室内发送器安装说明见表 2-5。

表 2-5　室内发送器安装说明

序号	安装步骤	安装过程	所使用的工具	注意事项	示意图
1	断开室内发送器断路器	拨动断路器闸刀到下方位置	无		
2	插装室内发送器	左手托室内发送器底部,右手持上把手,将室内发送器对准发送组匣内相应位置的安装导轨,保证室内发送器标签及指示标识正置,轻推入组匣 10 cm,然后左手持下把手,将室内发送器完全推入组匣内,确认室内发送器上下端与发送组匣贴合	无	插装室内发送器时,必须对准导轨,此时室内发送器可以顺畅插拔,无卡顿,如出现插装困难的情况,需重新拔出室内发送器,并确认对准导轨后重新插装。插装过程需保证用力均匀,防止接插件折断	
3	紧固室内发送器	使用螺丝刀将室内发送器前面板上下两边共四个螺钉紧固	螺丝刀(一字、十字)		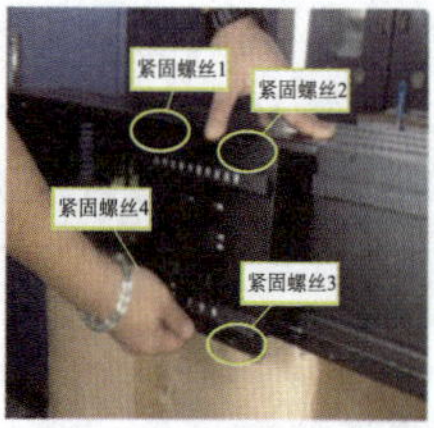
4	接通断路器	断路器闸刀拨动到上方位置	无	接通断路器前,应该确认室内发送器所有配线正确,方可接通断路器	

二、多特征脉冲接收器

1. 功能

多特征脉冲接收器具有如下功能:

(1)对脉冲信号进行分析处理,判断轨道区段的占用、空闲状态;

(2)对设备进行自检，故障时给出报警表示；

(3)接收器面板能够显示脉冲信号的幅度、频率、峰头峰尾比例信息；

(4)通过 CAN 总线向外发出模拟量监测信息。

2. 型号及含义

室内发送器型号 GZ·JM 型号含义如图 2-17 所示。

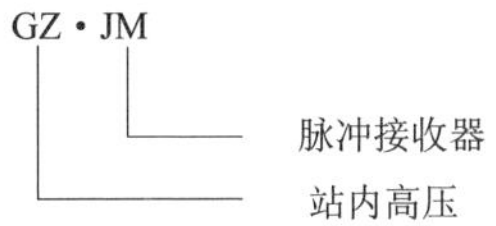

图 2-17　GZ·JM 型号含义

3. 端子定义

多特征脉冲接收器端子示意如图 2-18 所示，端子定义见表 2-6。

X1		
a	b	c
a1	b1	c1
a2	b2	c2
a3	b3	c3
a4	b4	c4
a5	b5	c5
a6	b6	c6
a7	b7	c7
a8	b8	c8
a9	b9	c9
a10	b10	c10
a11	b11	c11
a12	b12	c12
a13	b13	c13
a14	b14	c14
a15	b15	c15
a16	b16	c16
a17	b17	c17
a18	b18	c18
a19	b19	c19
a20	b20	c20
a21	b21	c21
a22	b22	c22
a23	b23	c23
a24	b24	c24
a25	b25	c25
a26	b26	c26
a27	b27	c27
a28	b28	c28
a29	b29	c29
a30	b30	c30
a31	b31	c31
a32	b32	c32

图 2-18　接收器端子示意图

表 2-6　接收器端子定义

序号	端子号	端子名称	用途说明
1	b27、b28	2CANHH、2CANLL	2 路 CAN 总线高位输出和低位输出
2	c27、c28	1CANHH、1CANLL	1 路 CAN 总线高位输出和低位输出
3	c20/b20、a20/a21、c21/b21、c22/b22、a22/a23、c23/b23、c24/b24	GDIN1/WGND1～GDIN7/WGND7	轨道信号输入，GDIN1～GDIN7 为轨道区段； 1～7 信号输入，WGND1～WGND7 为信号输入回线
4	b32	＋24	＋24 V 电源输入
5	c32	024	024 V 电源输入
6	b31	YBJ	检测报警继电器，与＋24 间可接 JWXC-1700 报警继电器
7	c31	YBJ＋	检测报警电源
8	c11、b11	1G、1GH	轨道区段 1 继电器输出线、输出回线
9	a12、b12	2G、2GH	轨道区段 2 继电器输出线、输出回线
10	a13、b13	3G、3GH	轨道区段 3 继电器输出线、输出回线
11	a14、b14	4G、4GH	轨道区段 4 继电器输出线、输出回线
12	a15、b15	5G、5GH	轨道区段 5 继电器输出线、输出回线
13	a16、b16	6G、6GH	轨道区段 6 继电器输出线、输出回线
14	a17、b17	7G、7GH	轨道区段 7 继电器输出线、输出回线
15	c16、c17	TDJ、TDJH	轨道区段 8 继电器输出线、输出回线
16	c12	JBJ2＋	检测 2 故障报警条件＋
17	c13	JBJ2－	检测 2 故障报警条件－
18	a1	F1	第一路信号频率选择端子
19	a2	F2	第二路信号频率选择端子
20	a3	F3	第三路信号频率选择端子
21	a4	F4	第四路信号频率选择端子
22	a5	F5	第五路信号频率选择端子
23	a6	F6	第六路信号频率选择端子
24	a7	F7	第七路信号频率选择端子

续上表

序号	端子号	端子名称	用途说明
25	a8	F8	接收器默认模式、快动模式选择端子
26	b1	L1	第一路峰头峰尾比选择端子
27	b2	L2	第二路峰头峰尾比选择端子
28	b3	L3	第三路峰头峰尾比选择端子
29	b4	L4	第四路峰头峰尾比选择端子
30	b5	L5	第五路峰头峰尾比选择端子
31	b6	L6	第六路峰头峰尾比选择端子
32	b7	L7	第七路峰头峰尾比选择端子
33	c1	−30D/TW1	3.25 Hz 频率端子/头尾比 3 选择端子
34	c2	−20D/TW1	3.50 Hz 频率端子/头尾比 4 选择端子
35	c3	−20D/TW1	3.75 Hz 频率端子/头尾比 5 选择端子
36	c4	0D/TW1	4.00 Hz 频率端子/头尾比 6 选择端子
37	c5	10D/TW1	1.45 Hz 频率端子/头尾比 7 选择端子
38	c6	20D/TW1	1.48 Hz 频率端子/头尾比 8 选择端子
39	c7	30D/TW1	快动模式选择端子

4. 技术指标

(1)使用性能如下：

①电源电压：DC 23～25 V，不间断供电；

②耗电电流：正常工作时，电流不大于 DC 1 A；

③驱动能力：驱动 JWXC-1700 安全型继电器。

(2)电气性能技术指标见表 2-7。

表 2-7 接收器电气性能技术指标

序号	测试项目	指标
1	吸起落下门限 (V)	吸起：峰头电压≤13.5 落下：峰头电压≥11.5
2	吸起落下延时 (s)	吸起：2～2.5 落下：1～1.5

续上表

序号	测试项目	指标
3	轨道继电器电压 (V)	24±2
4	停电监督继电器电压 (V)	24±2

5. 设备安装

接收器安装说明见表 2-8。

表 2-8　接收器安装说明

序号	安装步骤	安装过程	所使用的工具	注意事项	示意图
1	断开接收器断路器	拨动断路器闸刀到下方位置	无	无	
2	插装接收器	左手托接收器底部，右手持上把手，将接收器对准接收组匣内相应位置的安装导轨，保证接收器标签及指示标识正置，轻推入组匣10 cm，然后左手持下把手，将接收器完全推入组匣内，确认接收器上下端与接收组匣贴合	无	插装接收器时，必须对准导轨，此时接收器可以顺畅插拔，无卡顿，如出现插装困难的情况，需重新拔出接收器，并确认对准导轨后重新插装。插装过程需保证用力均匀，防止接插件折断	
3	紧固接收器	使用螺丝刀将接收器前面板两角螺钉紧固	螺丝刀(一字、十字)		
4	接通断路器	断路器闸刀拨动到上方位置	无	接通断路器前应确认接收器所有配线正确	

三、多特征脉冲衰耗器

1. 功能

(1)实现接收端脉冲轨道电压的调整,调整范围 1～97 级;

(2)受端模拟电缆的补偿调整,电缆补偿长度 3 km;

(3)提供“衰耗入”“轨入”“轨出”“GJ(Z)”“GJ(B)”“GJ”测试接口;

(4)提供轨道“占用”“空闲”状态指示灯。

2. 型号及含义

多特征脉冲接收器型号 GZ·SM 型号含义如图 2-19 所示。

3. 端子定义

端子示意如图 2-20 所示,端子定义见表 2-9。

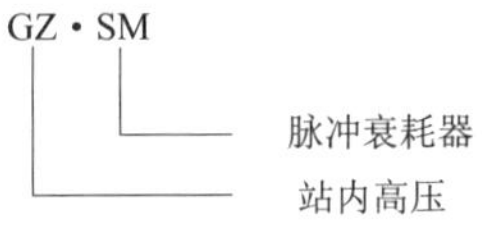

图 2-19　GZ·SM 型号含义

J1		
z	b	d
z2	b2	d2
z4	b4	d4
z6	b6	d6
z8	b8	d8
z10	b10	d10
z12	b12	d12
z14	b14	d14
z16	b16	d16
z18	b18	d18
z20	b20	d20
z22	b22	d22
z24	b24	d24
z26	b26	d26
z28	b28	d28
z30	b30	d30
z32	b32	d32

图 2-20　衰耗器底座端子示意图

表 2-9　衰耗器底座端子定义

序号	端子号	端子名称	用途
1	z2、d2	G1、G2	衰耗入
2	d4、b4、z4、d6、b6、z6	DL1～DL6	模拟电缆调整端子
3	d12～d18、b12～b18、z14～z18	V1～V11	电压调整端子
4	b22	GDINP	主机轨出
5	d22	WGND	主机轨出回线

续上表

序号	端子号	端子名称	用途
6	b24	GDINPB	并机轨出
7	d24	WGNDB	并机轨出回线
8	b28	＋24V(Z)	主机＋24 V 电源输入
9	d28	024V	主并机 024 V 电源输入
10	z28	＋24V(B)	并机＋24 V 电源输入
11	b30、b32	G(Z) GH(Z)	主机轨道继电器输出线； 主机轨道继电器输出回线
12	z30、z32	G(B) GH(B)	并机轨道继电器输出线； 并机轨道继电器输出回线
13	d30、d32	G GH	轨道区段继电器输出线； 轨道区段输出回线

4. 技术指标

电气性能技术指标见表 2-10。

表 2-10　衰耗器电气性能技术指标

序号	项目		指标	备注
1	输入阻抗(Ω)		385±20	G1、G2 用 LCR 电桥 50 Hz下测量、输出开路
2	模拟电缆电阻(Ω)	$R_{DL1\text{-}DL2}$	75±4.0	在对应端子处用万用表测量
		$R_{DL2\text{-}DL3}$	49.9±3.0	
		$R_{DL3\text{-}DL4}$	24.9±1.5	
		$R_{DL4\text{-}DL5}$	12.4±0.7	
		$R_{DL5\text{-}DL6}$	6.2±0.4	
3	调整变压器输出电压(V)	$V_{V1\text{-}V2}$	13.5±1.0	DL6、G2 间输入 30 V±1 V、频率为 3.25 Hz 脉冲信号(DL6 为峰头、G2 为峰尾)
		$V_{V1\text{-}V3}$	20±2	
		$V_{V4\text{-}V5}$	3.4±0.3	
		$V_{V6\text{-}V7}$	0.52±0.1	
		$V_{V6\text{-}V8}$	1.3±0.2	
		$V_{V6\text{-}V9}$	1.56±0.2	

续上表

序号	项目		指标	备注
3	调整变压器输出电压(V)	V_{V1-V9} (连接 V3-V4,V5-V6)	25±2	DL6、G2 间输入 30 V±1 V、频率为 3.25 Hz 脉冲信号(DL6 为峰头、G2 为峰尾)
4	隔离变压器输出电压(V)	$V_{GDINP-WGND}$	30±2	V10-V11 输入 30 V±1 V、频率为 3.25 Hz 脉冲信号(V10 为峰头、V11 为峰尾)
		$V_{GDINPB-WGNDB}$	30 ±2	

5. 设备安装

衰耗隔离器安装说明见表 2-11。

表 2-11　衰耗离器安装说明

序号	安装步骤	安装过程	所使用的工具	注意事项	示意图
1	断开对应室内发送器、接收器的断路器	拨动断路器闸刀到下方位置	无		
2	插装衰耗器	左手托衰耗器底部,右手持上把手,将衰耗器对准接收组匣内相应位置的安装导轨,保证衰耗器标签及指示标识正置,轻推入组匣 10 cm,然后左手持下把手,将衰耗器完全推入组匣内,确认衰耗器上下端与接收组匣贴合	无	插装衰耗器时,必须对准导轨,此时衰耗器可以顺畅插拔,无卡顿。如出现插装困难的情况,需重新拔出衰耗器,并确认对准导轨后重新插装。插装过程需保证用力均匀,防止接插件折断	

续上表

序号	安装步骤	安装过程说明	所使用的工具	注意事项	示意图
3	紧固衰耗器	使用螺丝刀将衰耗器前面板两角螺钉紧固	螺丝刀（一字、十字）		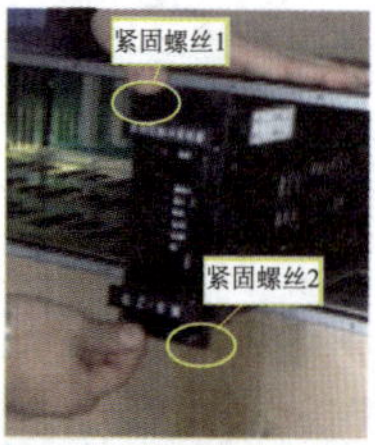
4	接通对应发送器、接收器的断路器	断路器闸刀拨动到上方位置	无	接通断路器前应确认相应室内发送器、接收器和衰耗器所有配线正确	

四、多特征脉冲接收组匣

1. 功能

用于装设 GZ · JM 型接收器、GZ · SM 型衰耗器及 GZ · HCM 型储能盒设备，能容纳 7 个 GZ · SM 型衰耗器，2 台 GZ · JM 型接收器及 2 台 GZ · HCM 型储能盒，安装在机柜上。

2. 型号及含义

多特征脉冲接收组匣型号分为 GZ · XJM 和 GZ · XJM1，型号含义如图 2-21 所示。

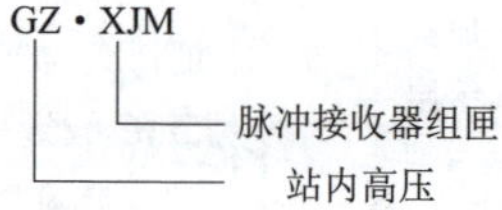

图 2-21　GZ · XJM 型号含义

3. 端子定义

端子定义及端子示意详见表 2-12 及图 2-22、图 2-23。

表 2-12　接收组匣侧面端子定义

序号	端子号	端子名称	用途
1	01-1	1-G1	第一路轨道信号输入端子,G1 为正即峰头,G2 为负即峰尾
2	01-2	1-G2	
3	01-3	2-G1	第二路轨道信号输入端子,G1 为正,即峰头,G2 为负即峰尾
4	01-4	2-G2	
5	01-5	3-G1	第三路轨道信号输入端子,G1 为正,即峰头,G2 为负即峰尾
6	01-6	3-G2	
7	01-7	4-G1	第四路轨道信号输入端子,G1 为正,即峰头,G2 为负即峰尾
8	01-8	4-G2	
9	01-9	5-G1	第五路轨道信号输入端子,G1 为正,即峰头,G2 为负即峰尾
10	01-10	5-G2	
11	01-11	6-G1	第六路轨道信号输入端子,G1 为正,即峰头,G2 为负即峰尾
12	01-12	6-G2	
13	01-13	7-G1	第七路轨道信号输入端子,G1 为正,即峰头,G2 为负即峰尾
14	01-14	7-G2	
15	01-17	+24V(B)	接收并机 24 V 电源输入
16	01-18	024V(B)	
17	02-1	1G	轨道区段 1 继电器输出线
18	02-2	1GH	轨道区段 1 继电器输出回线
19	02-3	2G	轨道区段 2 继电器输出线
20	02-4	2GH	轨道区段 2 继电器输出回线
21	02-5	3G	轨道区段 3 继电器输出线
22	02-6	3GH	轨道区段 3 继电器输出回线

续上表

序号	端子号	端子名称	用途
23	02-7	4G	轨道区段 4 继电器输出线
24	02-8	4GH	轨道区段 4 继电器输出回线
25	02-9	5G	轨道区段 5 继电器输出线
26	02-10	5GH	轨道区段 5 继电器输出回线
27	02-11	6G	轨道区段 6 继电器输出线
28	02-12	6GH	轨道区段 6 继电器输出回线
29	02-13	7G	轨道区段 7 继电器输出线
30	02-14	7GH	轨道区段 7 继电器输出回线
31	02-15	JTDJ	接收组匣停电监督输出线
32	02-16	JTDJH	接收组匣停电监督输出回线
33	02-17	＋24V(Z)	接收主机 24 V 电源输入
34	02-18	024V(Z)	
35	03-1	YBJ(Z)	连接轨道电路设备报警继电器,与＋24 间可接 JWXC-1700 继电器
36	03-2	YBJ＋(Z)	连接轨道电路设备报警接点条件
37	03-3	YBJ2＋(Z)	接收设备故障报警接点条件＋
38	03-4	YBJ2－(B)	接收设备故障报警接点条件－
39	03-5	ZJBJ＋	接收主机设备故障报警条件,集中监测采集用
40	03-6	ZJBJ－	
41	03-7	BJBJ＋	接收并机设备故障报警条件,集中监测采集用
42	03-8	BJBJ－	

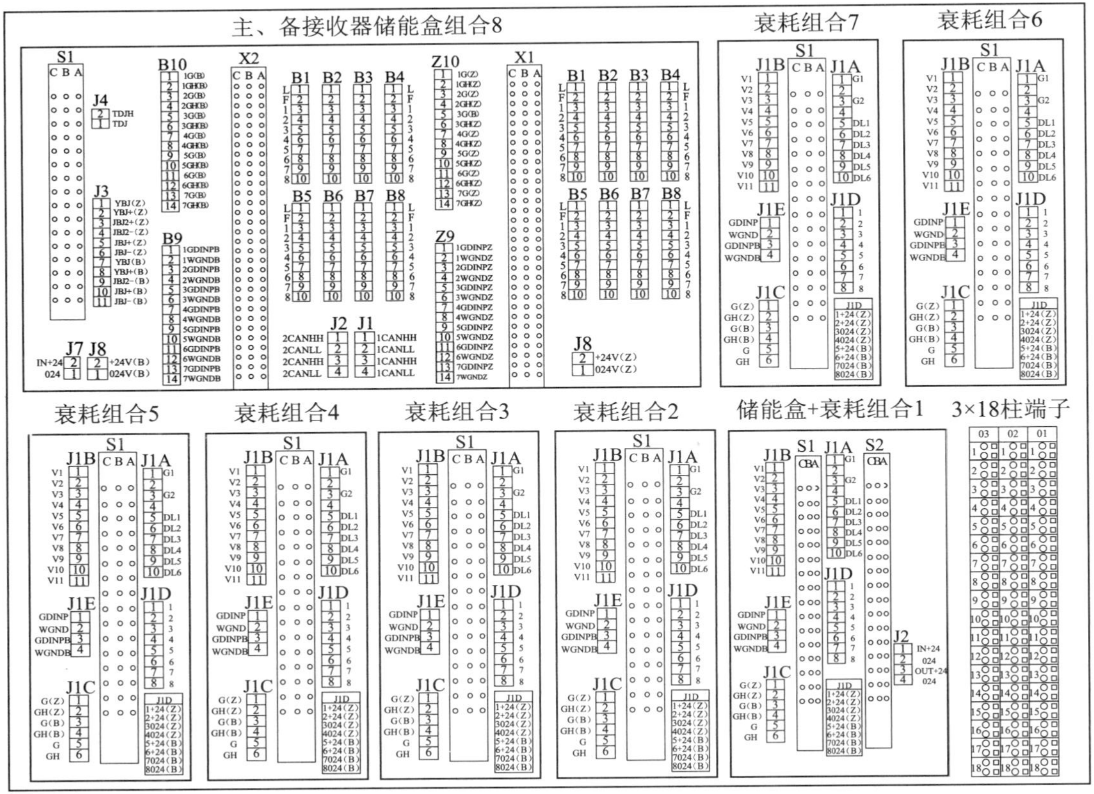

图 2-22　GZ·XJM 型接收组匣背面端子示意图

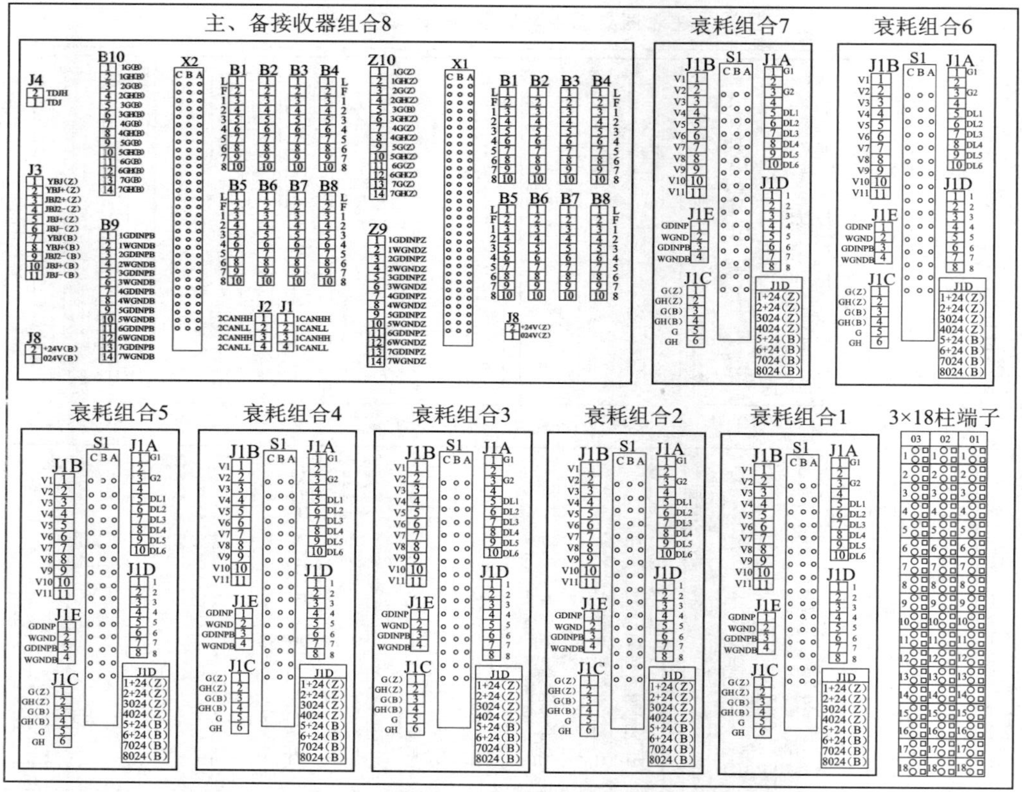

图 2-23　GZ · XJM1 型接收组匣背面端子示意图

五、多特征脉冲发送组匣

1. 功能

用于装设 GZ·FNM 型发送器，能容纳 4 台 GZ·FNM 型发送器。

2. 型号及含义

多特征脉冲发送组匣型号为 GZ·XFM，型号含义如图 2-24 所示。

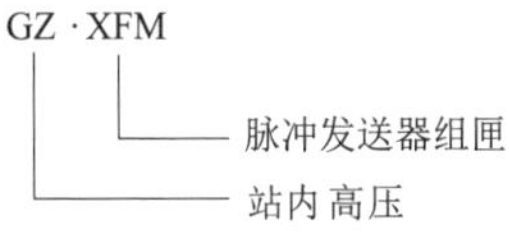

图 2-24　GZ·XFM 型号含义

3. 端子定义

发送组匣端子示意如图 2-25 所示，端子定义见表 2-13。

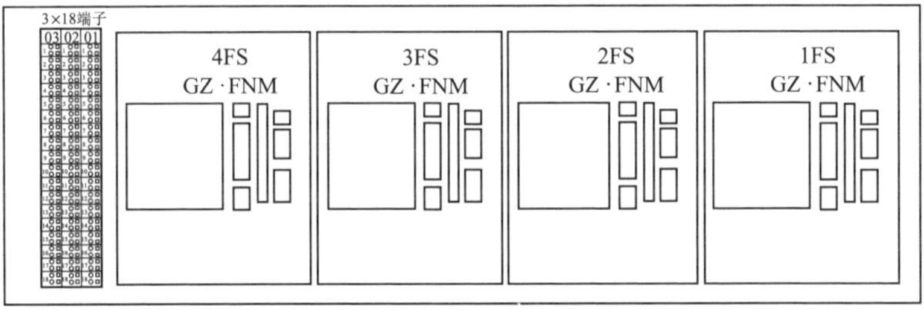

图 2-25　发送组匣背面端子示意图

表 2-13　发送组匣背面端子定义表

序号	端子号	端子名称	用途
1	01-1	1FS-S1	发送器 1 功出输出，正极即峰头
2	01-2	1FS-S2	发送器 1 功出输出，负极即峰尾
3	01-3	2FS-S1	发送器 2 功出输出，正极即峰头
4	01-4	2FS-S2	发送器 2 功出输出，负极即峰尾
5	01-5	3FS-S1	发送器 3 功出输出，正极即峰头
6	01-6	3FS-S2	发送器 3 功出输出，负极即峰尾
7	01-7	4FS(＋1FS)-S1	发送器 4(＋1FS)功出输出，正极即峰头

续上表

序号	端子号	端子名称	用途
8	01-8	4FS(＋1FS)-S2	发送器 4(＋1FS)功出输出,负极即峰尾
9	01-9	3FS-BJ＋	第三台发送器监测报警条件输出,用于集中监测采集或接入设备报警电路
10	01-10	3FS-BJ－	
11	01-11	4FS(＋1FS)-BJ－	第四台(＋1)发送器监测报警条件输出,用于集中监测采集或接入设备报警电路
12	03-11	4FS(＋1FS)-BJ＋	
13	01-13	4FS(＋1FS)-RX	第四台(＋1)发送器内部限流电阻选择端子: 无连接,内部选择电阻 20 Ω; TRX-TR1,内部选择电阻 15 Ω; TRX-TR2,内部选择电阻 10 Ω; TRX-TR3,内部选择电阻 5 Ω; TRX-TR4,内部选择电阻 0 Ω
14	01-14	4FS(＋1FS)-R1	
15	01-15	4FS(＋1FS)-R2	
16	01-16	4FS(＋1FS)-R3	
17	01-17	4FS(＋1FS)-R4	
18	02-1	1FS-FBJ＋	输出第一台发送报警继电器条件
19	02-2	1FS-FBJ－	
20	02-3	2FS-FBJ＋	输出第二台发送报警继电器条件
21	02-4	2FS-FBJ－	
22	02-5	3FS-FBJ＋	输出第三台发送报警继电器条件
23	02-6	3FS-FBJ－	
24	02-7	4FS(＋1FS)-FBJ＋	输出第四(＋1)台发送报警继电器条件
25	02-8	4FS(＋1FS)-FBJ－	
26	02-7	2FS-BJ＋	第二台发送器监测报警条件输出,用于集中监测采集或接入设备报警电路
27	02-8	2FS-BJ－	
28	02-12	4FS(＋1FS)-FX	频率选择端子: FX-F1,选择 3.25 Hz; FX-F2,选择 3.5 Hz; FX-F3,选择 3.75 Hz; FX-F4,选择 4.0 Hz; FX-F5,选择 1.45 Hz; FX-F6,选择 1.48 Hz
29	02-13	4FS(＋1FS)-F1	
30	02-14	4FS(＋1FS)-F2	
31	02-15	4FS(＋1FS)-F3	
32	02-16	4FS(＋1FS)-F4	
33	02-17	4FS(＋1FS)-F5	
34	02-18	4FS(＋1FS)-F6	

续上表

序号	端子号	端子名称	用途
35	03-1	1FS-JZ220	第一台发送器 220 V 电源输入
36	03-2	1FS-JF220	
37	03-3	2FS-JZ220	第二台发送器 220 V 电源输入
38	03-4	2FS-JF220	
39	03-5	3FS-JZ220	第三台发送器 220 V 电源输入
40	03-6	3FS-JF220	
41	03-7	4FS(+1FS)-JZ220	第四台(+1)发送器 220 V 电源输入
42	03-8	4FS(+1FS)-JF220	
43	03-9	1FS-BJ+	第一台发送器报警条件输出,用于集中监测采集或接入设备报警电路
44	03-10	1FS-BJ−	
45	03-13	4FS(+1FS)-VX	电平等级选择端子: VX-V1 为选择 2 级电平,输出电平等级为 200 V 挡; VX-V2 为选择 3 级电平,输出电平等级为 300 V 挡; VX-V3 为选择 4 级电平,输出电平等级为 400 V 挡; VX-V4 为选择 5 级电平,输出电平等级为 500 V 挡
46	03-14	4FS(+1FS)-V2	
47	03-15	4FS(+1FS)-V3	
48	03-16	4FS(+1FS)-V4	
49	03-17	4FS(+1FS)-V5	

4. 技术指标

发送组匣指标见表 2-14。

表 2-14　发送组匣指标

项目		指标
电阻(Ω)	R4-C3B	1 550±77.5
	RX-R1	5.1±0.51
	R1-R2	5.1±0.51
	R2-R3	5.1±0.51
	R3-R4	5.1±0.51

六、多特征脉冲隔离器

1. 功能

应用于轨道电路叠加电码化时脉冲信号与发码通道的隔离。

2. 型号及含义

多特征脉冲隔离器 GZ・GM 型号含义如图 2-26 所示。

3. 端子定义

多特征脉冲隔离器 GZ・GM 端子示意如图 2-27 所示，定义见表 2-15。

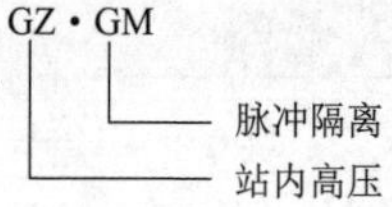

图 2-26　GZ・GM 型号含义

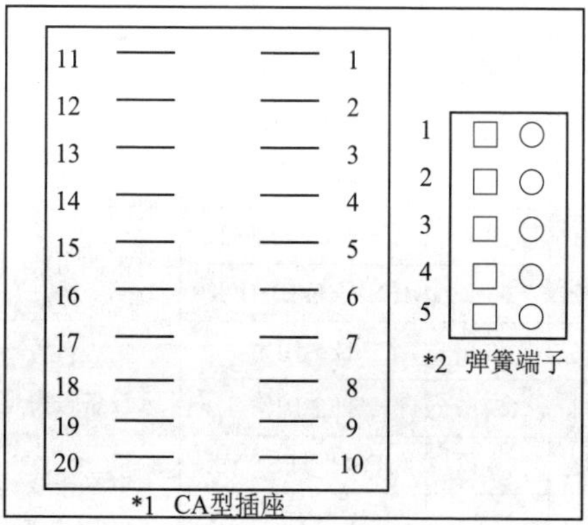

图 2-27　GZ・GM 型隔离器底座端子示意图

表 2-15　GZ・GM 型隔离器端子定义表

序号	端子号	端子名称	用途
1	CA 型插座-1	AT1	1 700 Hz 频率调整，输入信号为 1 700 Hz 时，连接 AT1-AT6，AT11-AT16
2	CA 型插座-2	AT2	2 000 Hz 频率调整，输入信号为 2 000 Hz 时，连接 AT2-AT6，AT12-AT16
3	CA 型插座-3	AT3	2 300 Hz 频率调整，输入信号为 2 300 Hz 时，连接 AT3-AT6，AT13-AT16
4	CA 型插座-4	AT4	2 600 Hz 频率调整，输入信号为 2 600 Hz 时，连接 AT4-AT6，AT14-AT16
5	CA 型插座-5	AT5	移频信号输入/多特征脉冲信号输出
6	CA 型插座-6	AT6	移频信号输出/多特征脉冲信号输入
7	CA 型插座-7	—	—
8	CA 型插座-8	—	—
9	CA 型插座-9	—	—
10	CA 型插座-10	—	—
11	CA 型插座-11	AT11	1 700 Hz 频率调整，输入信号为 1 700 Hz 时，连接 AT1-AT6，AT11-AT16

续上表

序号	端子号	端子名称	用途
12	CA 型插座-12	AT12	2 000 Hz 频率调整,输入信号为 2 000 Hz 时,连接 AT2-AT6,AT12-AT16
13	CA 型插座-13	AT13	2 300 Hz 频率调整,输入信号为 2 300 Hz 时,连接 AT3-AT6,AT13-AT16
14	CA 型插座-14	AT14	2 600 Hz 频率调整,输入信号为 2 600 Hz 时,连接 AT4-AT6,AT14-AT16
15	CA 型插座-15	AT15	移频信号输入/多特征脉冲信号输出
16	CA 型插座-16	AT16	移频信号输出/多特征脉冲信号输入
17	CA 型插座-17	—	—
18	CA 型插座-18	—	—
19	CA 型插座-19	—	—
20	CA 型插座-20	—	—
21	弹簧端子-1	电阻调整接线端子	0 Ω,连接端子 1-5; 25 Ω,连接端子 1-2、3-5; 50 Ω,连接端子 2-5; 75 Ω,连接端子 3-5; 100 Ω,连接端子 2-4; 125 Ω,连接端子 2-3; 150 Ω,不接线
22	弹簧端子-2		
23	弹簧端子-3		
24	弹簧端子-4		
25	弹簧端子-5		

多特征脉冲隔离器 GZ·GM1 端子示意如图 2-28 所示,定义见表 2-16。

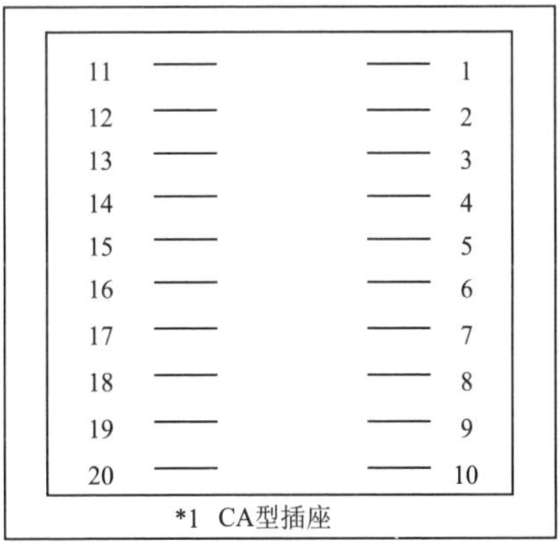

图 2-28　GZ·GM1 型隔离器底座端子示意图

表 2-16　GZ·GM1 型隔离器端子定义表

序号	端子号	端子名称	用途
1	CA 型插座-1	AT1	550 Hz 频率调整，输入信号为 550 Hz 时，连接 AT1-AT6，AT11-AT16
2	CA 型插座-2	AT2	650 Hz 频率调整，输入信号为 650 Hz 时，连接 AT2-AT6，AT12-AT16
3	CA 型插座-3	AT3	750 Hz 频率调整，输入信号为 750 Hz 时，连接 AT3-AT6，AT13-AT16
4	CA 型插座-4	AT4	850 Hz 频率调整，输入信号为 850 Hz 时，连接 AT4-AT6，AT14-AT16
5	CA 型插座-5	AT5	移频信号输入/多特征脉冲信号输出
6	CA 型插座-6	AT6	移频信号输出/多特征脉冲信号输入
7	CA 型插座-7	—	—
8	CA 型插座-8	—	—
9	CA 型插座-9	—	—
10	CA 型插座-10	—	—
11	CA 型插座-11	AT11	550 Hz 频率调整
12	CA 型插座-12	AT12	650 Hz 频率调整
13	CA 型插座-13	AT13	750 Hz 频率调整
14	CA 型插座-14	AT14	850 Hz 频率调整
15	CA 型插座-15	AT15	移频信号输入/多特征脉冲信号输出
16	CA 型插座-16	AT16	移频信号输出/多特征脉冲信号输入
17	CA 型插座-17	—	—
18	CA 型插座-18	—	—
19	CA 型插座-19	—	—
20	CA 型插座-20	—	—

4. 技术指标

GZ·GM 型隔离器技术指标见表 2-17。

表 2-17　GZ·GM 型隔离器技术指标

序号	项目		指标	条件
1	脉冲隔离（V）	输入:$U_{AT6\text{-}16}$＝500±30(脉冲信号) 输出:$U_{AT5\text{-}15}$≤125	≤125	电阻调为 0 Ω,连接 AT1-AT6、AT11-AT16,AT5、AT15 带负载电阻 100 Ω,测试脉冲峰头值
2	移频传输（V）	输入：$U_{AT5\text{-}15}$ ＝ 50 ± 2(1 700 Hz、2 000 Hz、2 300 Hz、2 600 Hz) 输出:$U_{AT6\text{-}16}$≥37	≥37	电阻调为 0 Ω,AT6、AT16 带负载电阻 100 Ω
3	闭环电码化传输（V）	输入：$U_{AT7\text{-}17}$ ＝ 30 ± 2(1 700 Hz、2 000 Hz、2 300 Hz、2 600 Hz) 输出:$U_{AT8\text{-}18}$≤2	≤2	AT8、AT18 带负载电阻 100 Ω

GZ·GM1 型隔离器技术指标见表 2-18。

表 2-18　GZ·GM1 型隔离器技术指标

序号	项目		指标	条件
1	脉冲隔离（V）	输入:$U_{AT6\text{-}16}$＝500±30(脉冲信号) 输出:$U_{AT5\text{-}15}$≤120	≤120	连接 AT1-AT6、AT11-AT16,AT5、AT15 带负载电阻 100 Ω,测试脉冲峰头值
2	移频传输（V）	输入:$U_{AT5\text{-}15}$＝50±2(550 Hz、650 Hz、750 Hz、850 Hz) 输出:$U_{AT6\text{-}16}$≥35	≥35	AT6、AT16 带负载电阻 100 Ω

5. 设备安装

隔离器安装说明见表 2-19。

表 2-19　隔离器安装说明

序号	安装步骤	安装过程	所使用的工具	注意事项	示意图
1	断开对应发送器、接收器的断路器	拨动断路器闸刀到下方位置	无		
2	安装隔离器	将隔离器放在相应的隔离器组合上，将组合上的插头插入隔离器背部的插座，并卡好卡扣	无		以 GZ·GM1 为例（GZ·GM 同 GZ·GM1）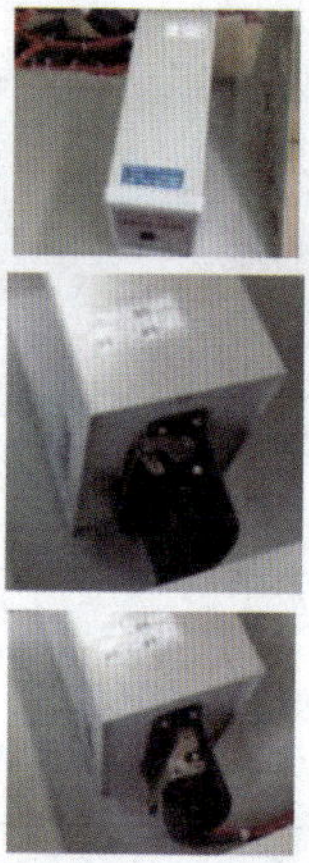
3	接通对应发送器、接收器断路器	相应断路器闸刀拨动到上方位置	无	接通断路器前应确认相应隔离器的所有配线正确	

七、多特征脉冲匹配防雷单元

1. 功能

适用于多特征脉冲轨道电路叠加 ZPW-2000 系列电码化，用于电码化信号输出电压的调整及纵向雷电防护。

2. 型号及含义

多特征脉冲匹配防雷单元型号为 GZ·DFP，型号含义如图 2-29 所示。

3. 端子定义

匹配防雷单元底座端子示意如图 2-30 所示，端子定义见表 2-20。

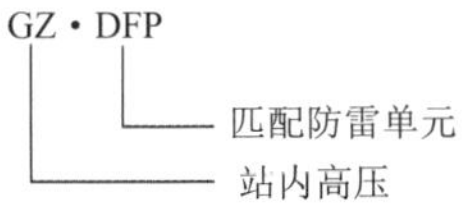

图 2-29　GZ · DFP 型号含义

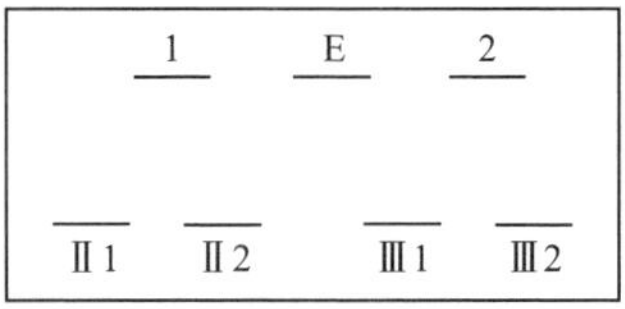

图 2-30　GZ · DFP 型匹配防雷单元底座端子示意图

表 2-20　GZ · DFP 型匹配防雷单元端子定义表

序号	端子号	用途
1	1、2	移频信号输入端子，防雷变压器初级
2	Ⅱ1、Ⅱ2	第一路信号输出
3	Ⅲ1、Ⅲ2	第二路信号输出
4	E	防雷地

4. 技术指标

GZ · DFP 匹配防雷单元技术指标见表 2-21。

表 2-21　GZ · DFP 型匹配防雷单元技术指标

序号	项目		指标	备注
1	串联电阻 (Ω)		$R_{Ⅰ1\text{-}Ⅰ2}=103\pm10$	Ⅱ、Ⅲ侧端子不跳线
2	空载电压 (V)	输入：$U_{Ⅰ1\text{-}Ⅰ2}=170$ V、2 000 Hz	$U_{Ⅱ2\text{-}Ⅱ3}=20.3\pm1$ $U_{Ⅱ3\text{-}Ⅱ4}=40.7\pm2$ $U_{Ⅱ4\text{-}Ⅱ5}=60.6\pm3$ $U_{Ⅱ5\text{-}Ⅱ6}=20.3\pm1$ $U_{Ⅱ2\text{-}Ⅱ6}=141.9\pm7$	Ⅱ、Ⅲ侧端子不跳线，开路空载测试
			$U_{Ⅲ2\text{-}Ⅲ3}=20.3\pm1$ $U_{Ⅲ3\text{-}Ⅲ4}=40.7\pm2$ $U_{Ⅲ4\text{-}Ⅲ5}=60.6\pm3$ $U_{Ⅲ5\text{-}Ⅲ6}=20.3\pm1$ $U_{Ⅲ2\text{-}Ⅲ6}=141.9\pm7$	

5. 设备安装

匹配防雷单元安装说明见表 2-22。

表 2-22　匹配防雷单元安装说明

序号	安装步骤	安装过程	所使用的工具	注意事项	示意图
1	断开对应发送器、接收器的断路器	拨动断路器闸刀到下方位置	无		
2	安装匹配防雷单元	左手托匹配防雷单元底部，右手持前部，将匹配防雷单元对准匹配防雷单元组合上的相应位置的接插孔，保证匹配防雷单元标签及指示标识正置，将匹配防雷单元完全推入组合，确保匹配防雷单元和组合完全贴合	无		
3	紧固匹配防雷单元	使用螺丝刀将匹配防雷单元后面的两角螺钉紧固	螺丝刀（一字、十字）		
4	接通对应发送器、接收器断路器	相应断路器闸刀拨动到上方位置	无	接通断路器前应确认匹配防雷单元的所有配线正确	

八、多特征脉冲匹配变压器

1. 功能

适用于多特征脉冲轨道电路叠加国产移频电码化，用于国产移频电码化信号输出电压的调整。

2. 型号及含义

多特征脉冲匹配变压器型号 GZ・BPM1，型号含义如图 2-31 所示。

3. 端子定义

多特征脉冲匹配变压器端子示意如图 2-32 所示，定义见表 2-23。

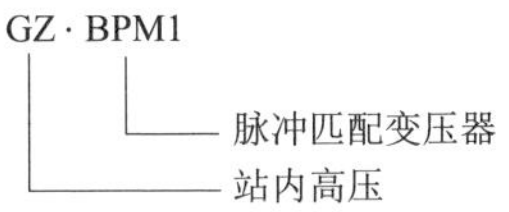

图 2-31　GZ · BPM1 型号含义

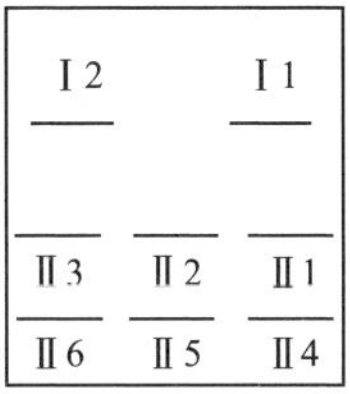

图 2-32　GZ · BPM1 型匹配变压器底座端子示意图

表 2-23　GZ · BPM1 型匹配变压器端子定义表

序号	端子号	用途
1	Ⅰ1、Ⅰ2 Ⅱ1、Ⅱ2	输入端子
2	Ⅱ3、Ⅱ4、Ⅱ5、Ⅱ6	输出端子

4. 技术指标

GZ · BPM1 匹配变压器技术指标见表 2-24。

表 2-24　GZ · BPM1 型匹配变压器技术指标

<table>
<tr><th>序号</th><th colspan="2">检验项目</th><th>技术指标</th><th>备注</th></tr>
<tr><td>1</td><td colspan="2">同名端</td><td>Ⅰ1、Ⅰ2、Ⅱ3</td><td></td></tr>
<tr><td rowspan="2">2</td><td rowspan="2">空载电压
(V)</td><td>输入:$U_{\mathrm{I}1\text{-}\mathrm{II}2}=320$ V,
650 Hz(连接端子Ⅱ1、Ⅰ2)</td><td>$U_{\mathrm{II}3\text{-}\mathrm{II}4}=10\pm0.5$
$U_{\mathrm{II}4\text{-}\mathrm{II}5}=30\pm1.5$
$U_{\mathrm{II}5\text{-}\mathrm{II}6}=20\pm1$
$U_{\mathrm{II}3\text{-}\mathrm{II}6}=60\pm3$</td><td>空载开路测试</td></tr>
<tr><td>输入:$U_{\mathrm{I}1\text{-}\mathrm{II}1}=160$ V,
650 Hz(连接端子Ⅰ1、Ⅰ2,
连接端子Ⅱ1、Ⅱ2)</td><td>$U_{\mathrm{II}3\text{-}\mathrm{II}4}=10\pm0.5$
$U_{\mathrm{II}4\text{-}\mathrm{II}5}=30\pm1.5$
$U_{\mathrm{II}5\text{-}\mathrm{II}6}=20\pm1$
$U_{\mathrm{II}3\text{-}\mathrm{II}6}=60\pm3$</td><td>空载开路测试</td></tr>
<tr><td>3</td><td>空载电流
(mA)</td><td>输入:Ⅰ1-Ⅱ2
320 V、650 Hz</td><td>$I_0\leqslant20$</td><td>连接Ⅰ2-Ⅱ1</td></tr>
<tr><td>4</td><td>电压调整率</td><td>输入:Ⅰ1-Ⅱ2
320 V、650 Hz</td><td>$\leqslant10\%$</td><td>副边接 100 Ω 负载</td></tr>
</table>

5. 设备安装

匹配变压器安装说明见表 2-25。

表 2-25　匹配变压器安装说明

序号	安装步骤	安装过程	所使用的工具	注意事项	示意图
1	断开对应发送器、接收器的断路器	拨动断路器闸刀到下方位置	无		
2	安装匹配变压器	左手托匹配变压器底部，右手持前部，将匹配变压器对准匹配变压器组合上的相应位置的接插孔，保证匹配变压器标签及指示标识正置，将变压器完全推入组合，确保变压器和组合完全贴合	无		
3	接通对应发送器、接收器断路器	相应断路器闸刀拨动到上方位置	无	接通断路器前应确认匹配变压器的所有配线正确	

九、多特征脉冲储能盒

1. 功能

在外部电源瞬时中断的条件下，储能盒向接收器提供工作电源，防止出现“闪红”现象。

2. 型号及含义

多特征脉冲储能盒型号为 GZ · HCM，型号含义如图 2-33 所示。

3. 端子定义

端子示意如图 2-34 所示，端子定义见表 2-26。

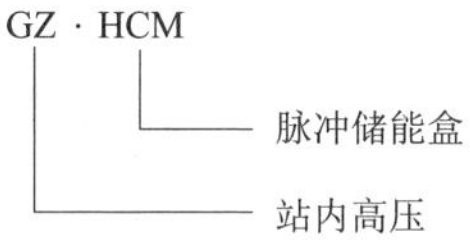

图 2-33　GZ・HCM 型号含义

J1		
z	b	d
z32	b32	d32
z30	b30	d30
z28	b28	d28
z26	b26	d26
z24	b24	d24
z22	b22	d22
z20	b20	d20
z18	b18	d18
z16	b16	d16
z14	b14	d14
z12	b12	d12
z10	b10	d10
z8	b8	d8
z6	b6	d6
z4	b4	d4
z2	b2	d2

图 2-34　储能盒底座端子示意图

表 2-26　储能盒底座端子定义表

序号	端子号	端子名称	用途
1	z16、b16、d16	IN+24V	输入+24 V
2	z20、b20、d20	024V	输入 024 V
3	z6、b6、d6	OUT+24V	输出+24 V
4	z2、b2、d2	024V	输出 024 V
5	z30、b30、d30	CTZ	电容测试端子

4. 技术指标

储能盒技术指标见表 2-27。

表 2-27　储能盒技术指标

序号	项目		指标
1	电容容值 （μF）	Z30-Z20	＞35 000

5. 设备安装

储能盒安装说明见表 2-28。

表 2-28　储能盒安装说明

步骤	安装步骤	安装过程	所使用的工具	注意事项	示意图
1	断开对应接收器的断路器	拨动断路器闸刀到下方位置	无		
2	插装储能盒	左手托储能盒底部，右手持上把手，将储能盒对准接收组匣内相应位置的安装导轨，保证储能盒标签及指示标识正置，轻推入组匣10 cm，然后左手持下把手，将储能盒完全推入组匣内，确认储能盒上下端与接收组匣贴合	无	插装储能盒时，必须对准导轨，此时储能盒可以顺畅插拔，无卡顿。如出现插装困难的情况，需重新拔出储能盒，并确认对准导轨后重新插装。插装过程需保证用力均匀，防止接插件折断	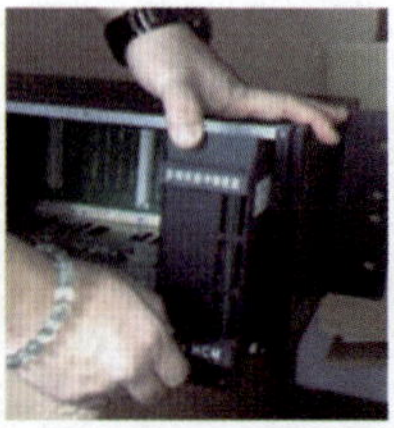
3	紧固储能盒	使用螺丝刀将储能盒前面板两角螺钉紧固	螺丝刀（一字、十字）		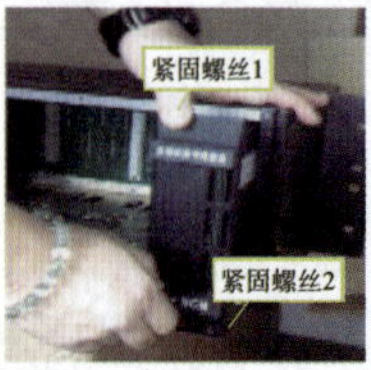
4	接通对应发送器、接收器的断路器	断路器闸刀拨动到上方位置	无	接通断路器前应确认相应接收器所有配线正确	

十、多特征脉冲隔离器组合

1. 功能

用于装设 GZ·GM 型或 GZ·GM1 型隔离器，能容纳 4 台 GZ·GM 型隔离器或 6 台 GZ·GM1 型隔离器。

2. 型号及含义

多特征脉冲隔离组合型号 GZ · ZGM，型号含义如图 2-35 所示。

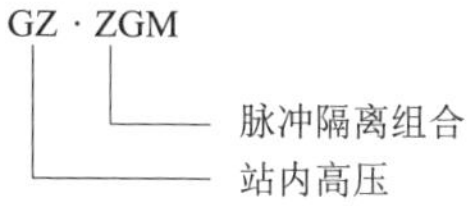

图 2-35　GZ · ZGM 型号含义

3. 端子定义

GZ · ZGM 型多特征脉冲隔离组合端子示意如图 2-36 所示，端子定义见表 2-29。

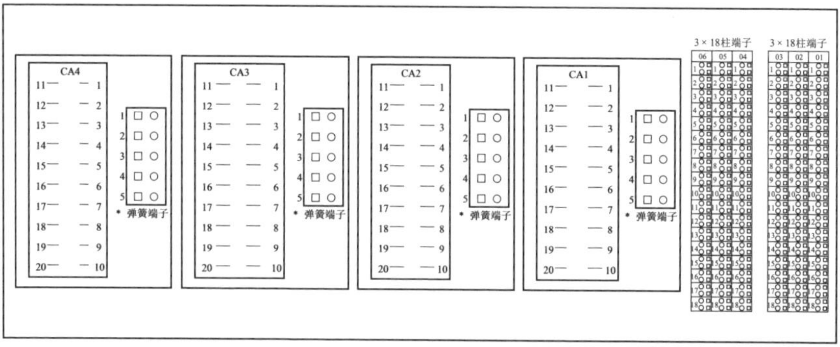

图 2-36　GZ · ZGM 型多特征脉冲隔离组合端子示意图

表 2-29　GZ · ZGM 型多特征脉冲隔离组合端子定义表

序号	端子	名称	用途
1	01-1	CA1-5	第 1 台隔离器移频信号输入
2	01-2	CA1-15	第 1 台隔离器移频信号输入回线
3	01-4	CA1-6	第 1 台隔离器移频信号输出/多特征脉冲信号输入
4	01-5	CA1-16	第 1 台隔离器移频信号输出回线/多特征脉冲信号输入回线
5	01-6	CA1-1	第 1 台隔离器 1 700 Hz 跳线端子，CA1-1 连接 CA1-6
6	01-7	CA1-11	第 1 台隔离器 1 700 Hz 跳线端子，CA1-11 连接 CA1-16
7	01-8	CA1-2	第 1 台隔离器 2 000 Hz 跳线端子，CA1-2 连接 CA1-6
8	01-9	CA1-12	第 1 台隔离器 2 000 Hz 跳线端子，CA1-12 连接 CA1-16

续上表

序号	端子	名称	用途
9	01-10	CA1-3	第1台隔离器2 300 Hz跳线端子,CA1-3连接CA1-6
10	01-11	CA1-13	第1台隔离器2 300 Hz跳线端子,CA1-13连接CA1-16
11	01-12	CA1-4	第1台隔离器2 600 Hz跳线端子,CA1-4连接CA1-6
12	01-13	CA1-14	第1台隔离器2 600 Hz跳线端子,CA1-14连接CA1-16
13	01-15	CA1-7	备用
14	01-16	CA1-17	备用
15	01-17	CA1-8	备用
16	01-18	CA1-18	备用
17	02-1	CA2-5	第2台隔离器移频信号输入
18	02-2	CA2-15	第2台隔离器移频信号输入回线
19	02-4	CA2-6	第2台隔离器移频信号输出/多特征脉冲信号输入
20	02-5	CA2-16	第2台隔离器移频信号输出回线/多特征脉冲信号输入回线
21	02-6	CA2-1	第2台隔离器1 700 Hz跳线端子,CA1-1连接CA1-6
22	02-7	CA2-11	第2台隔离器1 700 Hz跳线端子,CA1-11连接CA1-16
23	02-8	CA2-2	第2台隔离器2 000 Hz跳线端子,CA1-2连接CA1-6
24	02-9	CA2-12	第2台隔离器2 000 Hz跳线端子,CA1-12连接CA1-16
25	02-10	CA2-3	第2台隔离器2 300 Hz跳线端子,CA1-3连接CA1-6
26	02-11	CA2-13	第2台隔离器2 300 Hz跳线端子,CA1-13连接CA1-16
27	02-12	CA2-4	第2台隔离器2 600 Hz跳线端子,CA1-4连接CA1-6
28	02-13	CA2-14	第2台隔离器2 600 Hz跳线端子,CA1-14连接CA1-16
29	02-15	CA2-7	备用
30	02-16	CA2-17	备用
31	02-17	CA2-8	备用
32	02-18	CA2-18	备用
33	03-1	CA3-5	第3台隔离器移频信号输入
34	03-2	CA3-15	第3台隔离器移频信号输入回线
35	03-4	CA3-6	第3台隔离器移频信号输出/多特征脉冲信号输入
36	03-5	CA3-16	第3台隔离器移频信号输出回线/多特征脉冲信号输入回线

续上表

序号	端子	名称	用途
37	03-6	CA3-1	第 3 台隔离器 1 700 Hz 跳线端子,CA1-1 连接 CA1-6
38	03-7	CA3-11	第 3 台隔离器 1 700 Hz 跳线端子,CA1-11 连接 CA1-16
39	03-8	CA3-2	第 3 台隔离器 2 000 Hz 跳线端子,CA1-2 连接 CA1-6
40	03-9	CA3-12	第 3 台隔离器 2 000 Hz 跳线端子,CA1-12 连接 CA1-16
41	03-10	CA3-3	第 3 台隔离器 2 300 Hz 跳线端子,CA1-3 连接 CA1-6
42	03-11	CA3-13	第 3 台隔离器 2 300 Hz 跳线端子,CA1-13 连接 CA1-16
43	03-12	CA3-4	第 3 台隔离器 2 600 Hz 跳线端子,CA1-4 连接 CA1-6
44	03-13	CA3-14	第 3 台隔离器 2 600 Hz 跳线端子,CA1-14 连接 CA1-16
45	03-15	CA3-7	备用
46	03-16	CA3-17	备用
47	03-17	CA3-8	备用
48	03-18	CA3-18	备用
49	04-1	CA4-5	第 4 台隔离器移频信号输入
50	04-2	CA4-15	第 4 台隔离器移频信号输入回线
51	04-4	CA4-6	第 4 台隔离器移频信号输出/多特征脉冲信号输入
52	04-5	CA4-16	第 4 台隔离器移频信号输出回线/多特征脉冲信号输入回线
53	04-6	CA4-1	第 4 台隔离器 1 700 Hz 跳线端子,CA1-1 连接 CA1-6
54	04-7	CA4-11	第 4 台隔离器 1 700 Hz 跳线端子,CA1-11 连接 CA1-16
55	04-8	CA4-2	第 4 台隔离器 2 000 Hz 跳线端子,CA1-2 连接 CA1-6
56	04-9	CA4-12	第 4 台隔离器 2 000 Hz 跳线端子,CA1-12 连接 CA1-16
57	04-10	CA4-3	第 4 台隔离器 2 300 Hz 跳线端子,CA1-3 连接 CA1-6
58	04-11	CA4-13	第 4 台隔离器 2 300 Hz 跳线端子,CA1-13 连接 CA1-16
59	04-12	CA4-4	第 4 台隔离器 2 600 Hz 跳线端子,CA1-4 连接 CA1-6
60	04-13	CA4-14	第 4 台隔离器 2 600 Hz 跳线端子,CA1-14 连接 CA1 16
61	04-15	CA4-7	备用
62	04-16	CA4-17	备用
63	04-17	CA4-8	备用
64	04-18	CA4-18	备用

GZ·ZGM1 型多特征脉冲隔离组合端子示意如图 2-37 所示。端子定义见表 2-30。

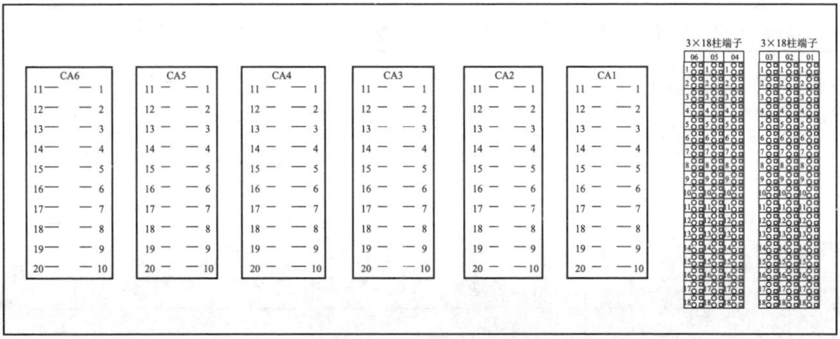

图 2-37　GZ·ZGM1 型多特征脉冲隔离组合端子示意图

表 2-30　GZ·ZGM1 型多特征脉冲隔离组合端子定义表

序号	端子	名称	用途
1	01-1	CA1-5	第 1 台隔离器移频信号输入
2	01-2	CA1-15	第 1 台隔离器移频信号输入回线
3	01-4	CA1-6	第 1 台隔离器移频信号输出/多特征脉冲信号输入
4	01-5	CA1-16	第 1 台隔离器移频信号输出回线/多特征脉冲信号输入回线
5	01-6	CA1-1	第 1 台隔离器 550 Hz 跳线端子,CA1-1 连接 CA1-6
6	01-7	CA1-11	第 1 台隔离器 550 Hz 跳线端子,CA1-11 连接 CA1-16
7	01-8	CA1-2	第 1 台隔离器 650 Hz 跳线端子,CA1-2 连接 CA1-6
8	01-9	CA1-12	第 1 台隔离器 650 Hz 跳线端子,CA1-12 连接 CA1-16
9	01-10	CA1-3	第 1 台隔离器 750 Hz 跳线端子,CA1-3 连接 CA1-6
10	01-11	CA1-13	第 1 台隔离器 750 Hz 跳线端子,CA1-13 连接 CA1-16
11	01-12	CA1-4	第 1 台隔离器 850 Hz 跳线端子,CA1-4 连接 CA1-6
12	01-13	CA1-14	第 1 台隔离器 850 Hz 跳线端子,CA1-14 连接 CA1-16
13	01-15	CA1-7	备用
14	01-16	CA1-17	备用
15	01-17	CA1-8	备用
16	01-18	CA1-18	备用

续上表

序号	端子	名称	用途
17	02-1	CA2-5	第 2 台隔离器移频信号输入
18	02-2	CA2-15	第 2 台隔离器移频信号输入回线
19	02-4	CA2-6	第 2 台隔离器移频信号输出/多特征脉冲信号输入
20	02-5	CA2-16	第 2 台隔离器移频信号输出回线/多特征脉冲信号输入回线
21	02-6	CA2-1	第 2 台隔离器 550 Hz 跳线端子,CA1-1 连接 CA1-6
22	02-7	CA2-11	第 2 台隔离器 550 Hz 跳线端子,CA1-11 连接 CA1-16
23	02-8	CA2-2	第 2 台隔离器 650 Hz 跳线端子,CA1-2 连接 CA1-6
24	02-9	CA2-12	第 2 台隔离器 650 Hz 跳线端子,CA1-12 连接 CA1-16
25	02-10	CA2-3	第 2 台隔离器 750 Hz 跳线端子,CA1-3 连接 CA1-6
26	02-11	CA2-13	第 2 台隔离器 750 Hz 跳线端子,CA1-13 连接 CA1-16
27	02-12	CA2-4	第 2 台隔离器 850 Hz 跳线端子,CA1-4 连接 CA1-6
28	02-13	CA2-14	第 2 台隔离器 850 Hz 跳线端子,CA1-14 连接 CA1-16
29	02-15	CA2-7	备用
30	02-16	CA2-17	备用
31	02-17	CA2-8	备用
32	02-18	CA2-18	备用
33	03-1	CA3-5	第 3 台隔离器移频信号输入
34	03-2	CA3-15	第 3 台隔离器移频信号输入回线
35	03-4	CA3-6	第 3 台隔离器移频信号输出/多特征脉冲信号输入
36	03-5	CA3-16	第 3 台隔离器移频信号输出回线/多特征脉冲信号输入回线
37	03-6	CA3-1	第 3 台隔离器 550 Hz 跳线端子,CA1-1 连接 CA1-6
38	03-7	CA3-11	第 3 台隔离器 550 Hz 跳线端子,CA1-11 连接 CA1-16
39	03-8	CA3-2	第 3 台隔离器 650 Hz 跳线端子,CA1-2 连接 CA1-6
40	03-9	CA3-12	第 3 台隔离器 650 Hz 跳线端子,CA1-12 连接 CA1 16
41	03-10	CA3-3	第 3 台隔离器 750 Hz 跳线端子,CA1-3 连接 CA1-6
42	03-11	CA3-13	第 3 台隔离器 750 Hz 跳线端子,CA1-13 连接 CA1-16
43	03-12	CA3-4	第 3 台隔离器 850 Hz 跳线端子,CA1-4 连接 CA1-6
44	03-13	CA3-14	第 3 台隔离器 850 Hz 跳线端子,CA1-14 连接 CA1-16

续上表

序号	端子	名称	用途
45	03-15	CA3-7	备用
46	03-16	CA3-17	备用
47	03-17	CA3-8	备用
48	03-18	CA3-18	备用
49	04-1	CA4-5	第 4 台隔离器移频信号输入
50	04-2	CA4-15	第 4 台隔离器移频信号输入回线
51	04-4	CA4-6	第 4 台隔离器移频信号输出/多特征脉冲信号输入
52	04-5	CA4-16	第 4 台隔离器移频信号输出回线/多特征脉冲信号输入回线
53	04-6	CA4-1	第 4 台隔离器 550 Hz 跳线端子,CA1-1 连接 CA1-6
54	04-7	CA4-11	第 4 台隔离器 550 Hz 跳线端子,CA1-11 连接 CA1-16
55	04-8	CA4-2	第 4 台隔离器 650 Hz 跳线端子,CA1-2 连接 CA1-6
56	04-9	CA4-12	第 4 台隔离器 650 Hz 跳线端子,CA1-12 连接 CA1-16
57	04-10	CA4-3	第 4 台隔离器 750 Hz 跳线端子,CA1-3 连接 CA1-6
58	04-11	CA4-13	第 4 台隔离器 750 Hz 跳线端子,CA1-13 连接 CA1-16
59	04-12	CA4-4	第 4 台隔离器 850 Hz 跳线端子,CA1-4 连接 CA1-6
60	04-13	CA4-14	第 4 台隔离器 850 Hz 跳线端子,CA1-14 连接 CA1-16
61	04-15	CA4-7	备用
62	04-16	CA4-17	备用
63	04-17	CA4-8	备用
64	04-18	CA4-18	备用

十一、多特征脉冲匹配防雷单元组合

1. 功能

用于装设 GZ · DFP 型匹配防雷单元,能容纳 6 台 GZ · DFP 型匹配防雷单元。

2. 型号及含义

多特征脉冲匹配防雷单元组合型号为 GZ · ZDFP,型号含义如图 2-38 所示。

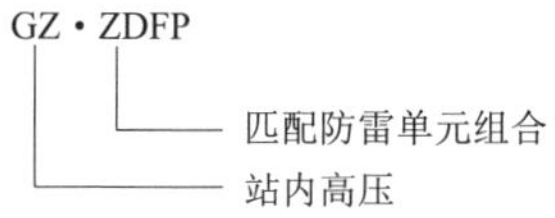

图 2-38　GZ·ZDFP 型号含义

3. 端子定义

端子示意如图 2-39 所示，端子定义见表 2-31。

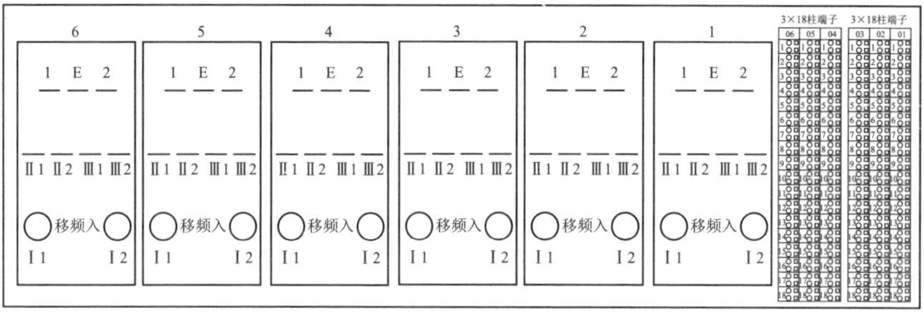

图 2-39　GZ·ZDFP 型匹配防雷组合端子示意图

表 2-31　GZ·ZDFP 型匹配防雷组合端子定义表

序号	端子号	端子名称	用途
1	01-1	1-Ⅰ1	匹配防雷单元 1 移频输入
2	01-2	1-Ⅰ2	匹配防雷单元 1 移频输入回线
3	01-5	1-Ⅱ1	匹配防雷单元 1 的Ⅱ路输出
4	01-6	1-Ⅱ2	匹配防雷单元 1 的Ⅱ路输出回线
5	01-9	1-Ⅲ1	匹配防雷单元 1 的Ⅲ路输出
6	01-10	1-Ⅲ2	匹配防雷单元 1 的Ⅲ路输出回线
7	02-1	2-Ⅰ1	匹配防雷单元 2 移频输入
8	02-2	2-Ⅰ2	匹配防雷单元 2 移频输入回线
9	02-5	2-Ⅱ1	匹配防雷单元 2 的Ⅱ路输出
10	02-6	2-Ⅱ2	匹配防雷单元 2 的Ⅱ路输出回线
11	02-9	2-Ⅲ1	匹配防雷单元 2 的Ⅲ路输出
12	02-10	2-Ⅲ2	匹配防雷单元 2 的Ⅲ路输出回线

续上表

序号	端子号	端子名称	用途
13	03-1	3-Ⅰ1	匹配防雷单元3移频输入
14	03-2	3-Ⅰ2	匹配防雷单元3移频输入回线
15	03-5	3-Ⅱ1	匹配防雷单元3的Ⅱ路输出
16	03-6	3-Ⅱ2	匹配防雷单元3的Ⅱ路输出回线
17	03-9	3-Ⅲ1	匹配防雷单元3的Ⅲ路输出
18	03-10	3-Ⅲ2	匹配防雷单元3的Ⅲ路输出回线
19	04-1	4-Ⅰ1	匹配防雷单元4移频输入
20	04-2	4-Ⅰ2	匹配防雷单元4移频输入回线
21	04-5	4-Ⅱ1	匹配防雷单元4的Ⅱ路输出
22	04-6	4-Ⅱ2	匹配防雷单元4的Ⅱ路输出回线
23	04-9	4-Ⅲ1	匹配防雷单元4的Ⅲ路输出
24	04-10	4-Ⅲ2	匹配防雷单元4的Ⅲ路输出回线
25	05-1	5-Ⅰ1	匹配防雷单元5移频输入
26	05-2	5-Ⅰ2	匹配防雷单元5移频输入回线
27	05-5	5-Ⅱ1	匹配防雷单元5的Ⅱ路输出
28	05-6	5-Ⅱ2	匹配防雷单元5的Ⅱ路输出回线
29	05-9	5-Ⅲ1	匹配防雷单元5的Ⅲ路输出
30	05-10	5-Ⅲ2	匹配防雷单元5的Ⅲ路输出回线
31	06-1	6-Ⅰ1	匹配防雷单元6移频输入
32	06-2	6-Ⅰ2	匹配防雷单元6移频输入回线
33	06-5	6-Ⅱ1	匹配防雷单元6的Ⅱ路输出
34	06-6	6-Ⅱ2	匹配防雷单元6的Ⅱ路输出回线
35	06-9	6-Ⅲ1	匹配防雷单元6的Ⅲ路输出
36	06-10	6-Ⅲ2	匹配防雷单元6的Ⅲ路输出回线
37	01-18	1-E	防雷地引出线,接室内防雷地
38	02-18	6-E	防雷地引出线,接室内防雷地

十二、多特征脉冲匹配变压器组合

1. 功能

用于装设 GZ·BPM1 型匹配变压器,能容纳 6 台 GZ·BPM1 型匹配变压器。

2. 型号及含义

多特征脉冲匹配变压器组合型号为 GZ·ZBPM1,型号含义如图 2-40 所示。

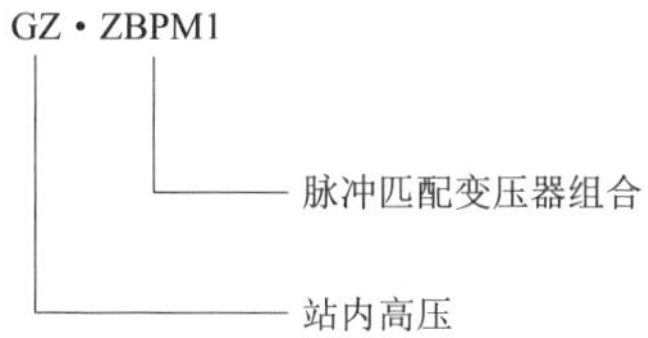

图 2-40　GZ·ZBPM1 型号含义

3. 端子定义

GZ·ZBPM1 型匹配变压器组合端子示意如图 2-41 所示,端子定义见表 2-32。

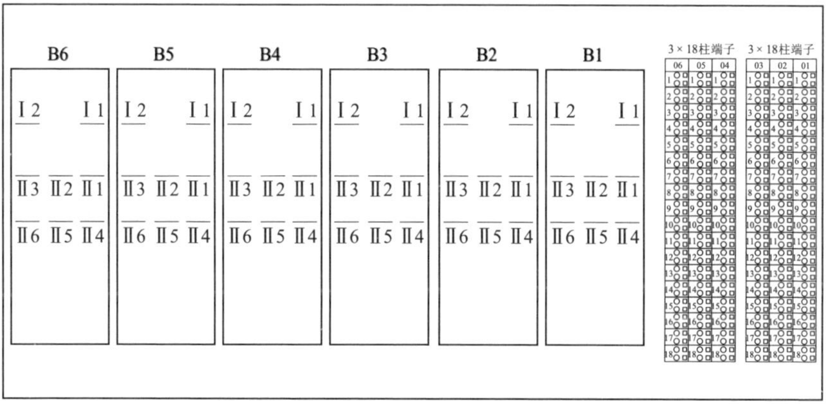

图 2-41　GZ·ZBPM1 型匹配变压器组合端子示意图

表 2-32　GZ·ZBPM1 型匹配变压器组合端子定义表

序号	端子	名称	用途	备注
1	01-1	B1-Ⅰ1	匹配变压器 1 信号输入线	应用中分两种情况： Ⅰ1-Ⅱ1，Ⅰ2-Ⅱ2，外引信号从Ⅰ1、Ⅱ2 接入； Ⅰ2-Ⅱ1，外引信号从Ⅰ1、Ⅱ2 接入
2	01-2	B1-Ⅰ2	匹配变压器 1 信号输入回线	
3	01-3	B1-Ⅱ1	匹配变压器 1 信号输入线	
4	01-4	B1-Ⅱ2	匹配变压器 1 信号输入回线	
5	01-13	B1-Ⅱ3	匹配变压器 1 输出线	根据实际情况选择信号输出端子： Ⅱ3、Ⅱ4 输出 10 V； Ⅱ5、Ⅱ6 输出 20 V； Ⅱ4、Ⅱ5 输出 30 V； Ⅱ3、Ⅱ5 输出 40 V； Ⅱ4、Ⅱ6 输出 50 V
6	01-14	B1-Ⅱ4	匹配变压器 1 输出线	
7	01-15	B1-Ⅱ5	匹配变压器 1 输出线	
8	01-16	B1-Ⅱ6	匹配变压器 1 输出线	
9	02-1	B2-Ⅰ1	匹配变压器 2 信号输入线	应用中分两种情况： Ⅰ1-Ⅱ1，Ⅰ2-Ⅱ2，外引信号从Ⅰ1、Ⅱ2 接入； Ⅰ2-Ⅱ1，外引信号从Ⅰ1、Ⅱ2 接入
10	02-2	B2-Ⅰ2	匹配变压器 2 信号输入回线	
11	02-3	B2-Ⅱ1	匹配变压器 2 信号输入线	
12	02-4	B2-Ⅱ2	匹配变压器 2 信号输入回线	
13	02-13	B2-Ⅱ3	匹配变压器 2 输出线	根据实际情况选择信号输出端子： Ⅱ3、Ⅱ4 输出 10 V； Ⅱ5、Ⅱ6 输出 20 V； Ⅱ4、Ⅱ5 输出 30 V； Ⅱ3、Ⅱ5 输出 40 V； Ⅱ4、Ⅱ6 输出 50 V
14	02-14	B2-Ⅱ4	匹配变压器 2 输出线	
15	02-15	B2-Ⅱ5	匹配变压器 2 输出线	
16	02-16	B2-Ⅱ6	匹配变压器 2 输出线	
17	03-1	B3-Ⅰ1	匹配变压器 3 信号输入线	应用中分两种情况： Ⅰ1-Ⅱ1，Ⅰ2-Ⅱ2，外引信号从Ⅰ1、Ⅱ2 接入； Ⅰ2-Ⅱ1，外引信号从Ⅰ1、Ⅱ2 接入
18	03-2	B3-Ⅰ2	匹配变压器 3 信号输入回线	
19	03-3	B3-Ⅱ1	匹配变压器 3 信号输入线	
20	03-4	B3-Ⅱ2	匹配变压器 3 信号输入回线	
21	03-13	B3-Ⅱ3	匹配变压器 3 输出线	根据实际情况选择信号输出端子： Ⅱ3、Ⅱ4 输出 10 V； Ⅱ5、Ⅱ6 输出 20 V； Ⅱ4、Ⅱ5 输出 30 V； Ⅱ3、Ⅱ5 输出 40 V； Ⅱ4、Ⅱ6 输出 50 V
22	03-14	B3-Ⅱ4	匹配变压器 3 输出线	
23	03-15	B3-Ⅱ5	匹配变压器 3 输出线	
24	03-16	B3-Ⅱ6	匹配变压器 3 输出线	

续上表

<table>
<tr><th>序号</th><th>端子</th><th>名称</th><th>用途</th><th>备注</th></tr>
<tr><td>25</td><td>04-1</td><td>B4-Ⅰ1</td><td>匹配变压器4信号输入线</td><td rowspan="4">应用中分两种情况：
Ⅰ1-Ⅱ1，Ⅰ2-Ⅱ2，外引信号从Ⅰ1、Ⅱ2接入；
Ⅰ2-Ⅱ1，外引信号从Ⅰ1、Ⅱ2接入</td></tr>
<tr><td>26</td><td>04-2</td><td>B4-Ⅰ2</td><td>匹配变压器4信号输入回线</td></tr>
<tr><td>27</td><td>04-3</td><td>B4-Ⅱ1</td><td>匹配变压器4信号输入线</td></tr>
<tr><td>28</td><td>04-4</td><td>B4-Ⅱ2</td><td>匹配变压器4信号输入回线</td></tr>
<tr><td>29</td><td>04-13</td><td>B4-Ⅱ3</td><td>匹配变压器4输出线</td><td rowspan="4">根据实际情况选择信号输出端子：
Ⅱ3、Ⅱ4输出10 V；
Ⅱ5、Ⅱ6输出20 V；
Ⅱ4、Ⅱ5输出30 V；
Ⅱ3、Ⅱ5输出40 V；
Ⅱ4、Ⅱ6输出50 V</td></tr>
<tr><td>30</td><td>04-14</td><td>B4-Ⅱ4</td><td>匹配变压器4输出线</td></tr>
<tr><td>31</td><td>04-15</td><td>B4-Ⅱ5</td><td>匹配变压器4输出线</td></tr>
<tr><td>32</td><td>04-16</td><td>B4-Ⅱ6</td><td>匹配变压器4输出线</td></tr>
<tr><td>33</td><td>05-1</td><td>B5-Ⅰ1</td><td>匹配变压器5信号输入线</td><td rowspan="4">应用中分两种情况：
Ⅰ1-Ⅱ1，Ⅰ2-Ⅱ2，外引信号从Ⅰ1、Ⅱ2接入；
Ⅰ2-Ⅱ1，外引信号从Ⅰ1、Ⅱ2接入</td></tr>
<tr><td>34</td><td>05-2</td><td>B5-Ⅰ2</td><td>匹配变压器5信号输入回线</td></tr>
<tr><td>35</td><td>05-3</td><td>B5-Ⅱ1</td><td>匹配变压器5信号输入线</td></tr>
<tr><td>36</td><td>05-4</td><td>B5-Ⅱ2</td><td>匹配变压器5信号输入回线</td></tr>
<tr><td>37</td><td>05-13</td><td>B5-Ⅱ3</td><td>匹配变压器5输出线</td><td rowspan="4">根据实际情况选择信号输出端子：
Ⅱ3、Ⅱ4输出10 V；
Ⅱ5、Ⅱ6输出20 V；
Ⅱ4、Ⅱ5输出30 V；
Ⅱ3、Ⅱ5输出40 V；
Ⅱ4、Ⅱ6输出50 V</td></tr>
<tr><td>38</td><td>05-14</td><td>B5-Ⅱ4</td><td>匹配变压器5输出线</td></tr>
<tr><td>39</td><td>05-15</td><td>B5-Ⅱ5</td><td>匹配变压器5输出线</td></tr>
<tr><td>40</td><td>05-16</td><td>B5-Ⅱ6</td><td>匹配变压器5输出线</td></tr>
<tr><td>41</td><td>06-1</td><td>B6-Ⅰ1</td><td>匹配变压器6信号输入线</td><td rowspan="4">应用中分两种情况：
Ⅰ1-Ⅱ1，Ⅰ2-Ⅱ2，外引信号从Ⅰ1、Ⅱ2接入；
Ⅰ2-Ⅱ1，外引信号从Ⅰ1、Ⅱ2接入</td></tr>
<tr><td>42</td><td>06-2</td><td>B6-Ⅰ2</td><td>匹配变压器6信号输入回线</td></tr>
<tr><td>43</td><td>06-3</td><td>B6-Ⅱ1</td><td>匹配变压器6信号输入线</td></tr>
<tr><td>44</td><td>06-4</td><td>B6-Ⅱ2</td><td>匹配变压器6信号输入回线</td></tr>
<tr><td>45</td><td>06-13</td><td>B6-Ⅱ3</td><td>匹配变压器6输出线</td><td rowspan="4">根据实际情况选择信号输出端子：
Ⅱ3、Ⅱ4输出10 V；
Ⅱ5、Ⅱ6输出20 V；
Ⅱ4、Ⅱ5输出30 V；
Ⅱ3、Ⅱ5输出40 V；
Ⅱ4、Ⅱ6输出50 V</td></tr>
<tr><td>46</td><td>06-14</td><td>B6-Ⅱ4</td><td>匹配变压器6输出线</td></tr>
<tr><td>47</td><td>06-15</td><td>B6-Ⅱ5</td><td>匹配变压器6输出线</td></tr>
<tr><td>48</td><td>06-16</td><td>B6-Ⅱ6</td><td>匹配变压器6输出线</td></tr>
</table>

十三、多特征脉冲磁饱和稳压器

1. 功能

应用于分散稳压车站，对交流 50 Hz 电源进行稳压，作为发送器电源。

2. 型号及含义

多特征脉冲磁饱和稳压器型号 GZ·WCM，型号含义如图 2-42 所示。

3. 端子定义

磁饱和稳压器端子示意图如图 2-43 所示，端子定义见表 2-33。

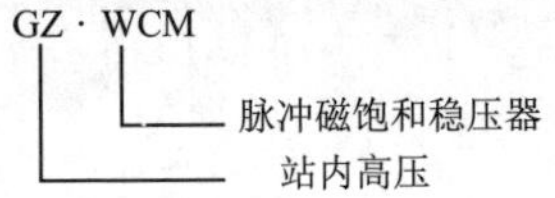

图 2-42　GZ·WCM 型号含义

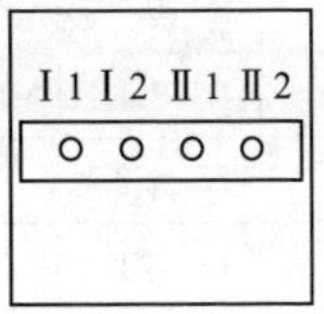

图 2-43　磁饱和稳压器端子示意图

表 2-33　磁饱和稳压器端子定义表

序号	端子号	用途
1	Ⅰ1、Ⅰ2	输入端子
2	Ⅱ1、Ⅱ2	输出端子

4. 技术指标

磁饱和稳压器技术指标见表 2-34。

表 2-34　磁饱和稳压器技术指标

序号	项目		指标	备注
1	空载电压（V）	端子号	230±9.2	Ⅰ1-Ⅰ2 输入 AC 50 Hz，电压范围在 176～242 V 之间
		Ⅱ1-Ⅱ2		
2	空载电流（mA）		≤200	Ⅰ1-Ⅰ2 输入 AC 50 Hz、220 V

5. 设备安装

磁饱和稳压器安装说明见表 2-35。

表 2-35　磁饱和稳压器安装说明

序号	安装步骤	安装过程	所使用的工具	注意事项	示意图
1	断开对应发送器的断路器	拨动断路器闸刀到下方位置	无		
2	安装磁饱和稳压器	将磁饱和稳压器放在稳压器托盘上，将托盘上的插头插入磁饱和稳压器背部的插座	无		 
3	接通断路器	相应断路器闸刀拨动到上方位置	无	接通断路器前应确认相应发送器和磁饱和稳压器所有配线正确	

十四、多特征脉冲磁饱和稳压器托盘

1. 功能

用于装设 GZ·WCM 型磁饱和稳压器，能容纳 6 台 GZ·WCM 型磁饱和稳压器。

2. 型号及含义

多特征脉冲磁饱和稳压器托盘型号 GZ·TWC，型号含义如图 2-44 所示。

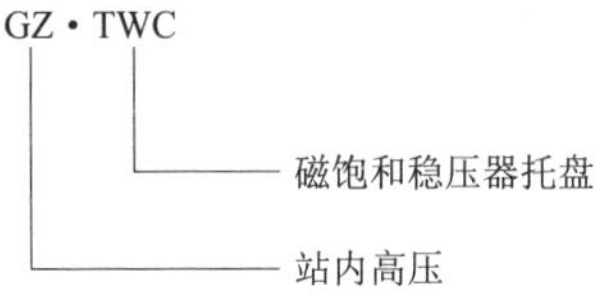

图 2-44　GZ·TWC 型号含义

十五、多特征脉冲轨道电路机柜

1. 功能

用于装设发送组匣、接收组匣等。

2. 型号及含义

多特征脉冲轨道电路机柜型号 GZ·G,型号含义如图 2-45 所示。

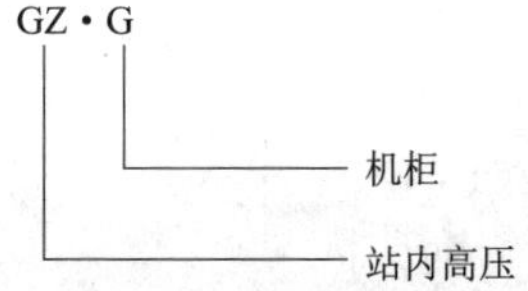

图 2-45　GZ·G 型号含义

十六、多特征脉冲轨道变压器

1. 功能

应用于非电气化区段,实现轨道电路与电缆的匹配连接。

2. 型号及含义

多特征脉冲轨道变压器型号为 GZ·BGMC,型号含义如图 2-46 所示。

3. 端子定义

轨道变压器端子示意图如图 2-47 所示,端子定义见表 2-36。

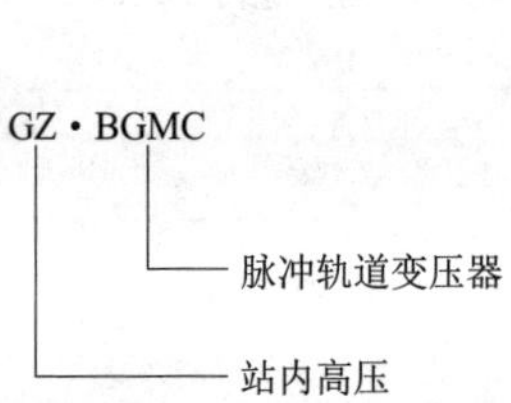

图 2-46　GZ·BGMC 型号含义

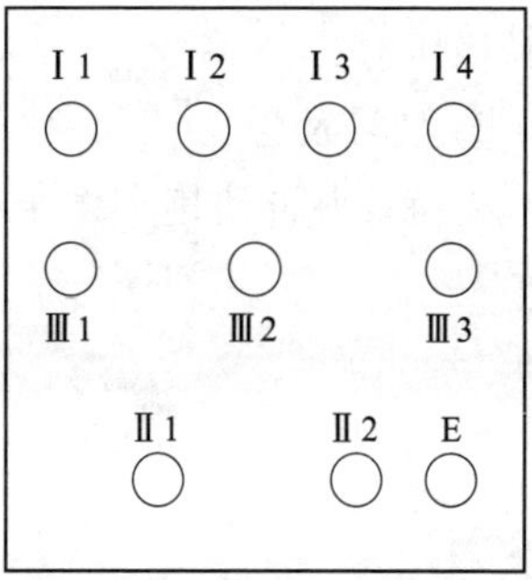

图 2-47　轨道变压器端子示意图

表 2-36　轨道变压器端子定义表

序号	端子号	用途
1	Ⅰ1	初级线圈端子
2	Ⅰ2	初级线圈端子
3	Ⅰ3	初级线圈端子
4	Ⅰ4	初级线圈端子
5	Ⅱ1	次级线圈端子
6	Ⅱ2	次级线圈端子
7	Ⅲ1	次级线圈端子
8	Ⅲ2	次级线圈端子
9	Ⅲ3	次级线圈端子
10	Ⅲ4	次级线圈端子
11	E	地线端子

4. 技术指标

轨道变压器技术指标见表 2-37。

表 2-37　轨道变压器技术性能指标

序号	项目		指标	备注
1	同名端		Ⅰ1、Ⅰ3、Ⅱ1、Ⅲ1	
2	空载电压(V)	输入：$U_{\mathrm{I}1-\mathrm{I}4}=$ 220 V,50 Hz（连接端子Ⅰ2、Ⅰ3）	$U_{\mathrm{II}1-\mathrm{II}2}=9.3\pm0.5$ $U_{\mathrm{III}1-\mathrm{III}2}=16.2\pm0.8$ $U_{\mathrm{III}2-\mathrm{III}3}=20.8\pm1.0$ $U_{\mathrm{III}1-\mathrm{III}3}=37.1\pm1.9$ $U_{\mathrm{II}1-\mathrm{III}3}=46.3\pm2.3$ （连接端子Ⅱ2、Ⅲ1）	开路空载测试
3	空载电流(mA)	输入：$U_{\mathrm{I}1-\mathrm{I}4}=220$ V,50 Hz 电流 $I_{\mathrm{I}1-\mathrm{I}4}$不大于 200 mA	≤200	连接Ⅰ2-Ⅰ3
4	电压调整率	输入：$U_{\mathrm{I}1-\mathrm{I}4}=220$ V,50 Hz（连接端子Ⅰ2、Ⅰ3）	≤10%	$I_{\mathrm{II}1-\mathrm{III}3}$输出接 40 Ω 负载

续上表

序号	项目		指标	备注
5	多特征脉冲指标（V）	输入：$U_{\text{I}1\text{-I}3}=500\pm30$	输出：$U_{\text{II}1\text{-III}3}=130\pm20$	I1-I3 输入，II1-III3 输出接 40 Ω 负载，连接I2-I4、II2-III1
6	电压转移比	冲击电压 10 kV	＜1/10	波形 1.2/50 μs，1 kV、5 kV、10 kV 各 1 次
注：电压转移比为型式试验测试项目，出厂检验中不测试。				

5. 设备安装

(1)安装准备

①XB 箱是否安装完毕并正确；

②注意事项：穿防护服，带防护手套，操作过程中须有专人进行防护；

③所需辅件及工具齐全，应包括表 2-38 所示内容。

表 2-38　安装轨道变压器所需辅件及工具

序号	名称	规格	单位	数量	备　注
1	XB 箱开盖钥匙		个	1	专用
2	活口扳手	28	个	1	
3	电工绝缘手套		副	2	

(2)定位安装

①用专用钥匙打开 XB 箱盖，在锁位处用力往上抬，打开箱盖；

②将轨道变压器放置在 XB 箱内，并通过轨道变压器底部螺丝固定在 XB 箱底部基座上。

(3)电气连接安装

①根据该区段调整参考表确定轨道变压器变比；

②轨道变压器的原边与 XB 箱内的信号电缆接头相连接，副边与 XB 箱内的钢轨连接线接头相连接；

③整理线缆，并检查配线；

④关闭箱盖、用专用钥匙拧紧 XB 箱盖螺丝。

现场安装效果如图 2-48 所示。

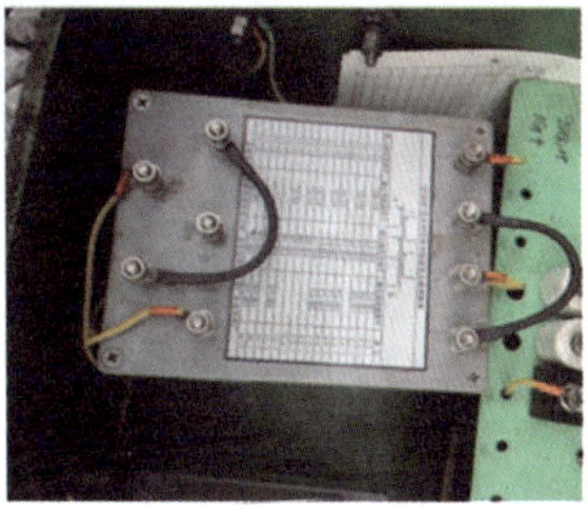

图 2-48　轨道变压器现场安装图

十七、多特征脉冲扼流变压器

1. 功能

应用于电气化区段,实现轨道电路与电缆的匹配连接、牵引电流回流。

2. 型号及含义

多特征脉冲扼流变压器型号包括 GZ・BEM-600、GZ・BEM-800、GZ・BEM-1000,型号含义如图 2-49 所示。

图 2-49　GZ・BEM-800 型号含义

3. 端子定义

多特征脉冲扼流变压器端子示意如图 2-50 所示,端子定义见表 2-39。

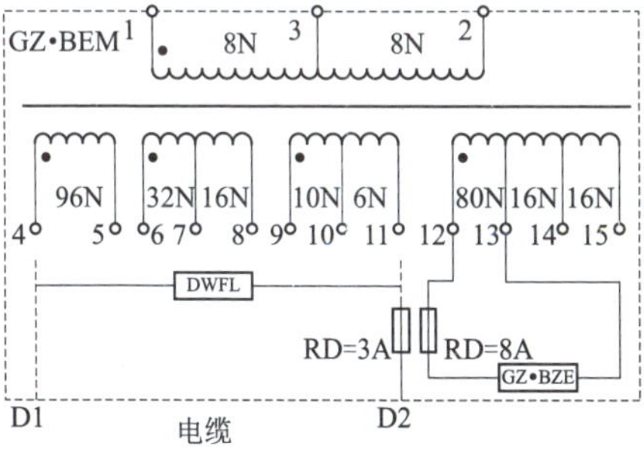

图 2-50　扼流变压器端子示意图

表 2-39　扼流变压器端子定义表

序号	端子号	用途
1	1、2、3	牵引圈信号接线端子，接至钢轨
2	4、5、6、7、8、9、10、11	信号圈接线端子，接信号电缆
3	12、13、14、15	信号圈接线端子，接适配器

4. 技术指标

扼流变压器技术指标见表 2-40。

表 2-40　扼流变压器技术指标

序号	项目		技术指标	备注
1	同名端		1、4、6、9、12	断路器断
2	匝比 N(1-2∶4-5∶6-7∶7-8∶9-11∶12-13∶13-14∶14-15∶4-11(连接 5-6,8-9)∶12-15)±3%		1∶6∶2∶1∶1∶5∶1∶1∶10∶7	断路器断
3	牵引线圈 50 Hz 阻抗	在牵引线圈加载 10 V/50 Hz 信号电压时，其阻抗值为 2.8～3.2 Ω	2.8～3.2 Ω	断路器断
		在牵引圈加载 50 Hz/7.5 A 电流时，牵引圈 50 Hz 阻抗	≥2.5 Ω	
		在牵引线圈加载 50 Hz 不平衡电流 40 A	≤550 mΩ	断路器合
4	牵引线圈移频阻抗(Ω)	在牵引线圈加 0.6～8 V/1 700～2 600 Hz 信号电压时，其阻抗值不小于 17 Ω	≥17	断路器合
		牵引线圈在 50 Hz 40 A 电流时，加载 0.6～8 V/1 700～2 600 Hz 信号电压时，其阻抗值不小于 17 Ω	≥17	断路器合
5	不平衡度		应不大于 0.5%	断路器断
6	温升		应不大于 90 K	
7	冲击耐压	牵引侧与信号侧间 10 kV	无闪络击穿现象	波形 1.2/50 μs，正、负极性各 5 次
		牵引侧与铁芯间 10 kV		
		牵引侧、信号侧、铁芯与外壳间 10 kV		
		信号侧与铁芯间 6 kV		
注：冲击耐压为型式试验测试项目，出厂检验中不测试。				

5. 设备安装

(1)安装准备

①基础桩正确安装;

②人身安全防护措施到位;

③所需辅件及工具齐全,应包括表 2-41 所示内容。

表 2-41 安装扼流变压器所需辅件及工具

序号	名称	规格	单位	数量	备 注
1	扼流开盖钥匙		个	1	专用
2	基础桩配件:不锈钢螺母	M10	个	4	
3	基础桩配件:不锈钢平垫圈	10	个	4	
4	基础桩配件:不锈钢弹垫圈	10	个	4	
5	活口扳手	28	个	1	
6	M6 套筒扳手		个	1	
7	冷封胶		kg	0.3	
8	中点连接板	1 000 A	个	1	根据要求
9	钢轨引接线	1 000 A	套	1	根据要求
10	电工绝缘手套		副	2	

(2)定位安装

①将扼流变压器放置在基础桩上(引出螺栓正对轨道侧),基础桩的凸出螺栓穿入变压器底部的安装孔位;

②在基础桩四个凸出的螺栓上分别套入平垫圈、弹垫圈、螺母,用扳手进行紧固。

(3)电气连接安装

①连接扼流变压器信号电缆

a. 用专用钥匙将扼流变压器箱盖上的锁闭螺丝开启;

b. 在锁位处向上开启箱盖;

c. 拧开电缆口下方的紧固螺栓,拆除垫片;

d. 将信号电缆穿入电缆保护管,做好与扼流信号侧端子的接头;

e. 预留足三次电缆接头的长度,将做好的电缆接头接在信扼流信号侧端子上,并紧固螺丝;

f. 将多余的信号电缆顺出保护管,并用拆下的紧固件紧固电缆口处螺丝,固定好保护管;

g. 混合冷封胶并灌胶;

h. 整理线缆，并检查配线；

i. 关闭箱盖并锁闭。

扼流变压器内部结构如图 2-51 所示。

②连接扼流变压器钢轨连接线和中点连接板。

a. 用扳子拆掉扼流变压器引出螺栓上的紧固螺母及平垫圈，在每根牵引螺栓安装连接板或连接线处保留一个平垫圈；

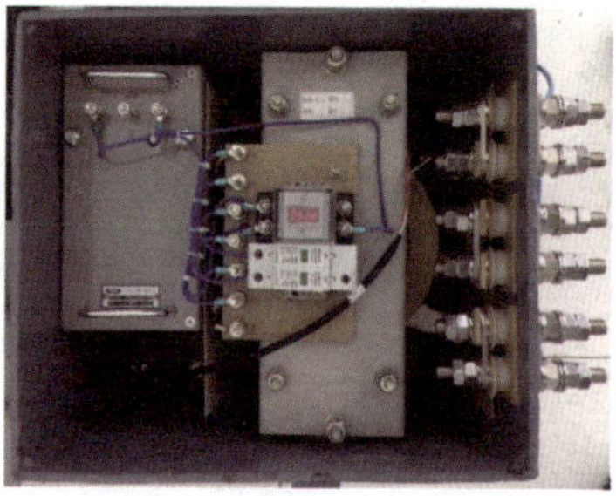

图 2-51　扼流变压器内部结构

b. 将中点连接板套在扼流变压器中点端子 3 的两根引出螺栓上，在中点连接板外套入一个平垫圈，拧紧一个紧固螺母后，再拧入一个紧固螺母；

c. 如扼流变压器连接钢轨，应确保进行“两纵一横”防护；

d. 将两根钢轨引接线分别套在扼流变压器引出端子 1、2 上，套入平垫圈后拧紧一个紧固螺母后，再拧入一个紧固备螺母；

e. 整理钢轨引接线。

现场安装效果如图 2-52 所示。

图 2-52　扼流变压器现场安装

十八、多特征脉冲扼流阻抗补偿器

1. 功能

用于降低不平衡牵引电流在扼流变压器两端产生的 50 Hz 不平衡电压。

2. 型号及含义

多特征扼流阻抗补偿器型号为 GZ・BZE，型号含义如图 2-53 所示。

3. 端子定义

多特征扼流阻抗补偿器端子示意如图 2-54 所示，端子定义见表 2-42。

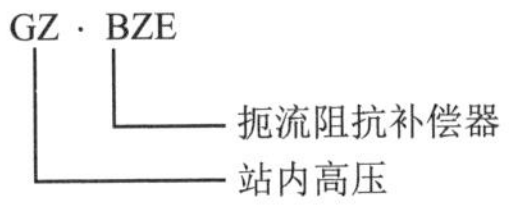

图 2-53　GZ • BZE 型号含义

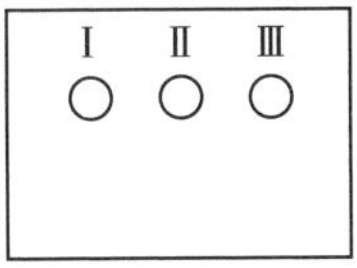

图 2-54　扼流阻抗补偿器端子示意图

表 2-42　扼流阻抗补偿器端子定义表

序号	端子号	用途
1	Ⅰ、Ⅲ	接扼流变压器
2	Ⅱ、Ⅲ	电容容值测试端子

4. 技术指标

扼流阻抗补偿器技术指标见表 2-43。

表 2-43　扼流阻抗补偿器技术指标

序号	项目		指标	备注
1	阻抗（Ω）	输入电流 $I_{Ⅰ\text{-}Ⅲ}$：0.5 A±0.05 A，50 Hz	$Z \leqslant 6$（$U_{Ⅰ\text{-}Ⅲ} \leqslant 3$ V）	$Z=U_{Ⅰ\text{-}Ⅲ}/I_{Ⅰ\text{-}Ⅲ}$
		输入电流 $I_{Ⅰ\text{-}Ⅲ}$：4 A±0.1 A，50 Hz	$Z \leqslant 6$（$U_{Ⅰ\text{-}Ⅲ} \leqslant 24$ V）	
		输入电流 $I_{Ⅰ\text{-}Ⅲ}$：8 A±0.1 A，50 Hz（10 min 内测试）	$Z \leqslant 8.4$（$U_{Ⅰ\text{-}Ⅲ} \leqslant 67.2$ V）	
2	电容容值（μF）及损耗角	电容值 C	22.1～23.95 μF	测量频率：1 kHz
		损耗角 $C_{Ⅱ\text{-}Ⅲ}$	$\leqslant 50 \times 10^{-4}$	

第三节　工程设计

一、电　源

1. 发送器供电方式及要求

(1)发送器设置于室内时，可采用 50 Hz AC 220 V 或 25 Hz AC 220 V 电压供电；

(2)交流供电电源应符合表 2-44 要求；

表 2-44　室内集中供电发送设备交流供电电源电压、频率

频率 (Hz)	供电方式	电压 (V)
25±0.3	室内集中供电	209～231
50±0.5		209～231

(3)供电电源应不间断供电；

(4)供电电源应对地绝缘；

(5)每台发送器功率不大于 110 VA。

2. 接收器供电方式及要求

(1)接收器的直流电源电压为 24 V±1 V；

(2)供电电源应不间断供电；

(3)供电电源应对地绝缘；

(4)每台接收器功率不大于 24 VA。

二、极性交叉

绝缘节两侧轨道区段的脉冲信号应满足极性交叉设置原则，如图 2-55 所示。

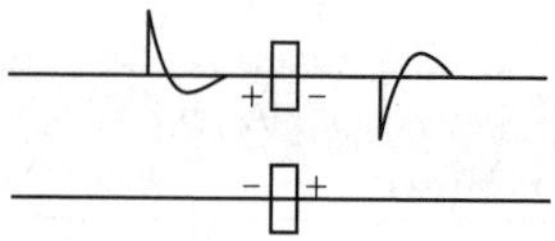

图 2-55　机械绝缘节两侧信号极性交叉示意图

三、频率设置要求

多特征轨道电路频率设置需要按如下要求设置：

(1)绝缘节两侧区段应采用不同脉冲频率。

(2)在运行有可解调极频或交流计数电码化信息的列车的多特征脉冲区段，多特征脉冲轨道电路应采用 1.45 Hz 和 1.48 Hz 脉冲信号频率。

四、补偿电容设置

1. 设置原则

(1)实施电码化的区段长度大于或等于 300 m 时，应设置补偿电容；

(2)补偿电容采用 50 μF 容值。

2. 安装原则

补偿电容安装位置的允许公差为：半间距±0.25 m；全间距±0.5 m；道岔岔心处±10.0 m(道岔岔心处安装误差超过 10 m 需按照实际情况进行确定补偿电容位置)。

3. 补偿电容数量(见表 2-45)

表 2-45 补偿电容数量配置

序号	区段长度 (m)		C (μF)	N_c
	min	max		
1	300	350	50	3
2	351	400		4
3	401	500		5
4	501	600		6
5	601	700		7
6	701	800		8
7	801	900		9

4. 补偿电容间距

(1)补偿电容应按配置表数量等间距布置；

(2)补偿区域如图 2-56 所示。

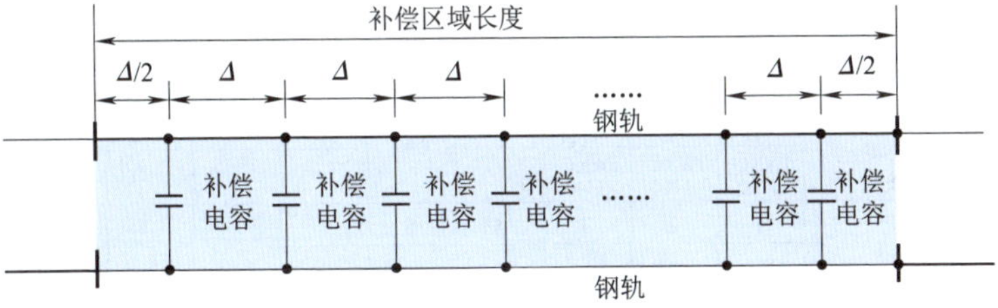

图 2-56 补偿区域示意图

五、电缆使用原则

多特征轨道电路电缆应按照如下原则设计：

(1)电缆应按星绞组、对绞组成对使用；

(2)电缆通道对地不得安装任何元器件；

(3)发送设备集中放置在室内时，轨道电路送、受端电缆环阻不应大于 50 Ω。

六、机柜布置

机柜布置如图 2-57 所示。

GM1 脉冲轨道柜													
11	四柱	1 2 275VB	D1		D2		D3		D4		D5		
10	断路器	DLQ1 RD1 RD2	DLQ2 RD3	DLQ3 RD5 RD6	DLQ4 RD7 RD8	DLQ5 RD9 RD10							
9	GMC·ZFL	1/2/3 1DGF NFL	4/5/6 D1GF NFL	7/8/9 D9GF NFL	10/11/12 NFL	13/14/15 NFL	16/17/18 NFL	19/20/21 NFL	22/23/24 NFL	25/26/27 NFL	28/29/30 NFL	31/32/33 NFL	34/35/36 NFL
8	GMC·JS		1 1DG 1JS GMC·QJ		2 1DG 2JS GMC·QJ		3 1DG SH GMC·QS		4 D1G SH GMC·QS		5 D1G 1JS GMC·QJ		6 D1G 2JS GMC·QJ	
7	GMC·JS		1 D9G 1JS GMC·QJ		2 D9G 2JS GMC·QJ		3 D9G SH GMC·QS							
6	GMC·FS		1 1DG GMC·QF1				2 D1G GMC·QF1				3 D9G GMC·QF1			
5	GMC·ZG		1/2 1DG D1G ZG	3/4 D9G ZG	5/6 ZG	7/8 ZG	9/10 ZG	11/12 ZG	13/14 ZG	15/16 ZG	17/18 ZG	19/20 ZG	21/22 ZG	23/24 ZG
4	GMC·GJ		1 1DG GJ JWXC-1700	2 D1G GJ JWXC-1700	3 D9G GJ JWXC-1700								10 MBJ JWXC-1700	
3	GMC·TDJD		1 JZXC-20000	2	3	4	5							
2	GMC·JC		JC ZPW·JC											
1														

图 2-57　机柜布置

第四节　设备及系统调试

一、设备调试

在室外不具备条件时可以单独进行室内设备调试；室外具备条件时，也可以与室外连通后进行调试。室内调试内容如下（以室外不具备条件时为例）：

（1）把发送器内部电阻调成 20 Ω，衰耗内部电缆调整为 50 Ω，将发送端、接收端连通。

（2）开启轨道电路区段的电源，观察各设备是否正常工作，电压不出现异常情况。

（3）发送器冗余试验，分别关闭各区段主发送器，此时，备发送接入轨道电路系统工作，区段电压、轨道继电器状态正常。

（4）接收器冗余试验，分别关闭各区段主接收器，轨道继电器状态正常，轨道继电器电压正常大于或等于 20 V。

二、系统调试

当室内外均完成施工并连通后，开展室内外的联合调试，内容如下：

（1）区段调整测试，测试衰耗隔离器面板测试塞孔，按表 2-46 进行项目测试，确认符合指标范围。

表 2-46　衰耗面板塞孔测试

序号	测试塞孔名称	测试内容	技术指标
1	GJ(Z)	主机轨道继电器电压（V）	≥20
2	GJ(B)	并机轨道继电器电压（V）	≥20
3	GJ	轨道继电器电压（V）	≥20
4	衰耗入	脉冲衰耗入电压、极性	符合调整表要求范围
5	轨入	脉冲轨入电压、极性	
6	轨出	脉冲轨出电压、极性	

(2)区段对位及分路试验，在室外对应区段送、受端及道岔区段的岔尾，分别用标准分路电阻进行分路，对应区段的轨道继电器落下、衰耗器轨道灯显示红色、轨道电路维护机中对应区段显示占用，对应区段的分路残压满足要求，机车信号短路电流满足要求。恢复后，该区段恢复。

(3)相邻区段脉冲信号极性交叉确认测试，测试轨面脉冲信号电压极性，绝缘节两侧钢轨脉冲信号极性符合设计图纸要求，相邻区段脉冲信号极性交叉，如图 2-58 所示；改变区段运行方向，重复上述试验。

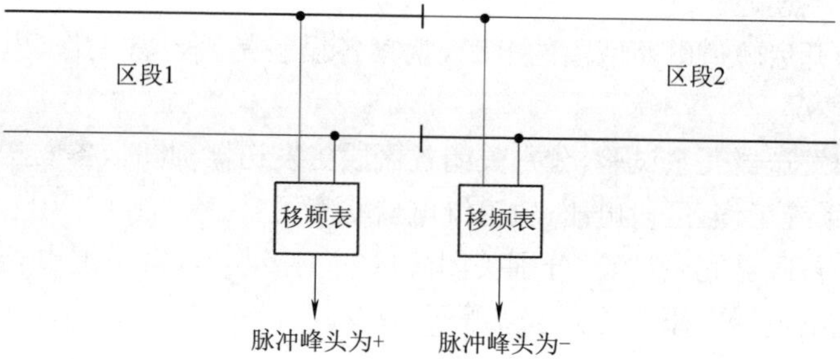

图 2-58　极性交叉示意图

(4)电缆绝缘测试，测试各区段电缆对地绝缘情况，需满足指标要求。

第五节　系统维护

一、维护要求

1. 基本要求

(1)所有设备组装、拆解及线缆的插拔之前均应先切断电源，禁止带电作业。

(2)对电缆设置明确的标识。

(3)对电缆插拔时要确认电缆标识，防止插错。

(4)应严格按照调整表进行调整，不得随意修改。

(5)需要确保钢轨对地和钢轨之间绝缘良好，道岔分支并联跳线完好。

(6)确保钢轨踏面清洁。

(7)确保轨道电路机械绝缘节绝缘良好。

(8)确保扼流中心线可靠连接、线缆良好。

(9)电缆与贯通地线及其接头需按规定隔离。

(10)信号线缆未经雷电防护的“脏线”与雷电防护后的“净线”应严格分开,否则可造成设备损坏。

2. 电源使用要求

(1)发送器的电源接口:

①室内发送器电源采用交流 220 V±11 V(25/50 Hz);

②室外发送器电源采用交流 220 V(电压范围 176~242 V,波动幅度 5%)(25/50 Hz);

③25 Hz 输入电源频率允许偏差:25 Hz±0.3 Hz;

④50 Hz 输入电源频率允许偏差:50 Hz±0.5 Hz。

(2)磁饱和稳压器的电源接口:

①交流 220 V(电压范围 176~242 V)(50 Hz);

②50 Hz 输入电源频率允许偏差:50 Hz±0.5 Hz。

(3)接收器的电源接口:直流电源,24 V±1 V,不间断供电。

(4)储能盒的电源接口:直流电源,24 V±1 V。

3. 电缆使用原则

非电码化时,可成对使用普通信号电缆。电码化时,需使用内屏蔽数字信号电缆,使用原则如下:

(1)必须按四线组对角线为基本线对成对使用;

(2)两个频率相同的发送与接收线对不能采用同一根电缆;

(3)两个频率相同的发送线对不能设置在同一屏蔽四线组内;

(4)两个频率相同的接收线对不能设置在同一屏蔽四线组内;

(5)多芯并用时,以基本线对为单位,并用的各基本线对可放置于同一四芯组、同一电缆或不同电缆内;

(6)电缆余量不能成“O”形。

4. 牵引不平衡电流要求

轨道电路所适用的交流电力牵引区段,不平衡牵引电流不大于 100 A。

5. 接地

机柜中设备地(安全地)和屏蔽地接地铜条(排)应采用截面积不小于 10 mm^2 多股铜导线与本机柜线等电位安全接地汇集线(排)可靠连接，机柜中防雷地接地铜条(排)应采用截面积不小于 50 mm^2 带绝缘护套多股铜导线就近与室内防雷接地汇集线(排)可靠连接，接地电阻值不大于 1 Ω。

6. 调整状态维护要求

(1)在最不利条件下，轨出峰头电压值应不小于 15 V；

(2)轨出峰头电压值应不大于轨道电路调整参考表上限值要求；

(3)接收器脉冲信号头尾比设置需根据调整表要求进行设置，脉冲信号峰头、峰尾比不小于设置值的 1/2；

(4)轨道继电器电压不小于 20 V；

(5)轨面峰头电压不大于 200 V；

(6)钢轨脉冲极性应满足极性交叉原则。

7. 分路状态维护要求

(1)用 0.15 Ω 标准分路电阻在轨道电路任一处轨面分路时，轨出峰头电压值不大于 11.5 V；

(2)电码化时短路电流不小于表 2-47 的规定。

表 2-47　电码化时短路电流值

基准载频(Hz)	1 700	2 000	2 300	2 600
短路电流(A)	0.5	0.5	0.5	0.45

(3)进行压力分路测试时，被测试区段应出现“红光带”，轨出峰头电压值不大于 11.5 V。

8. 设备工作指示灯显示要求

(1)正常情况下，发送器、接收器面板工作灯应亮绿灯；

(2)正常情况下，发送器输出指示灯应闪亮绿灯；

(3)衰耗器面板上的轨道指示灯随区段状态显示(“空闲”应为绿色，“占用”应为红色)；

(4)接收器显示面板应能正常显示。

二、维护指标

1. 室内设备在线测试指标

室内设备测试，主要集中在单频(双频)衰耗冗余控制器上进行，如表 2-48所示。

表 2-48　室内设备测试指标范围表

<table>
<tr><th>序号</th><th>塞孔名称</th><th>测试内容</th><th>技术指标</th><th>备注</th></tr>
<tr><td>1</td><td>电源</td><td>发送器电源</td><td>24 V±1 V</td><td rowspan="4">直流挡</td></tr>
<tr><td rowspan="3">2</td><td>GJ(Z)</td><td>主接收器输出电压</td><td rowspan="3">≥20 V</td></tr>
<tr><td>GJ(B)</td><td>被接收器输出电压</td></tr>
<tr><td>GJ</td><td>轨道继电器电压</td></tr>
<tr><td>3</td><td>功出</td><td>脉冲功出电压</td><td rowspan="4">见调整表</td><td rowspan="5">脉冲挡</td></tr>
<tr><td>4</td><td>轨入</td><td>区段轨入电压</td></tr>
<tr><td>5</td><td>轨出</td><td>区段轨入电压</td></tr>
<tr><td>6</td><td>频率</td><td>脉冲信号频率</td></tr>
<tr><td>7</td><td>头尾比</td><td>轨出脉冲
信号头尾比</td><td>不小于设置值 1/2</td></tr>
</table>

2. 室外设备指标范围

室外设备指标范围见表 2-49。

表 2-49　室外设备测试指标范围表

<table>
<tr><th>序号</th><th>设备名称</th><th>测试内容</th><th>技术指标</th><th>备注</th></tr>
<tr><td>1</td><td>补偿电容</td><td>容值</td><td>标准值±5%</td><td>容值测试挡</td></tr>
<tr><td>2</td><td>塞钉</td><td>接触电阻</td><td>≤1 mΩ</td><td>塞钉电阻挡</td></tr>
<tr><td>3</td><td>轨距杆</td><td>漏泄阻抗</td><td>≥10 kΩ</td><td>移频挡</td></tr>
<tr><td>4</td><td>扼流变压器</td><td rowspan="2">变比测试</td><td rowspan="2">符合调整表要求</td><td rowspan="2">电压挡</td></tr>
<tr><td>5</td><td>轨道变压器</td></tr>
<tr><td>6</td><td>分路线</td><td>分路灵敏度</td><td>0.15 Ω</td><td>移频挡</td></tr>
<tr><td rowspan="2">7</td><td rowspan="2">信号电缆</td><td rowspan="2">绝缘电阻</td><td>线对间≥1 MΩ</td><td rowspan="2">兆欧表</td></tr>
<tr><td>线-地≥1 MΩ</td></tr>
</table>

三、维护内容

维护测试项目、测试标准及维护周期见表 2-50。

表 2-50 维护测试项目、测试标准及维护周期表

设备名称	修程	工作内容	标准	周期
室外轨道电路设备	日常维护	补偿电容	检查补偿电容及卡具完好； 检查连接螺栓不松动，涂防锈油	每月2次
		连接线、钢轨绝缘	检查钢轨绝缘外观良好，轨缝标准，扣件与钢轨接头夹板(鱼尾板)无连接； 检查各种引接线、接续线、跳线、横向连接完好，固定良好；吸上线与信号设备连接端子紧固； 各端子连接涂防锈油	
		电缆线路	电缆径路外观检查(包括各种电缆埋设标、警示牌，过桥、过涵电缆防护、施工及其他外界干扰等)； 电缆沟(槽、井)封堵就位； 线间、线地间绝缘电阻不小于 20 MΩ	
		箱盒及其他	检查箱盒、基础无破损、裂纹，加锁装置良好； 外部安装螺栓检查紧固并涂防锈油； 基础面、箱盒外部清扫，标示清晰； 室外发送器温度正常(环境温度 25°条件下，红外测温枪测试表面温度<60°)，无过热现象；工作指示灯显示正常，防雷元件劣化窗显示绿色(应每天检查一次)	
	集中维护	补偿电容	检查引线电缆内部芯线断股不超标，超标需进行更换； 容值测试符合要求	每年一次
		连接线、钢轨绝缘	检查钢包铜引接线、各种连接线的安装及固定符合要求； 连接线塞钉头与钢轨接触电阻不超标； 除锈、涂防锈油、整修； 钢轨绝缘测试	
		电缆线路	电缆沟径路检查，补齐电缆埋设标及警示牌； 贯通地线外观、埋设情况、完整情况检查	

续上表

设备名称	修程	工作内容	标　准	周期
室外轨道电路设备	集中维护	箱盒及其他设备	检查箱盒、基础有无破损、裂纹，加锁装置良好，箱盒防尘、防潮良好； 基础面、箱盒外部清扫，标示清晰； 安装螺栓紧固，涂防锈油； 箱体内部干燥，设备固定良好、工作正常，配线整齐，连接端子无松动，紧固标识完整； 检查、核对各种标牌、图表齐全正确，电缆贯通端子标志清晰；箱盒内部、器材，且配线端子紧固、不松动； 测试各部绝缘，不良更换； 室外发送器放电电容测试：容值测试符合要求	每年一次
			箱盒地线接地电阻测试合格	
室内轨道电路设备	日常维护	发送器、接收器、衰耗器散热	温度正常(环境温度25°条件下，红外测温枪测试，室内发送器表面温度＜60°，接收器、衰耗器表面温度＜50°)，无过热现象	2天一次
		设备工作指示灯，防雷元件劣化窗显示	各工作指示灯显示正常，防雷元件劣化窗显示绿色	
		室内轨道电路工作电压日常测试	符合轨道电路调整表要求，较原电压基本无变化	
	集中维修	检查贯通地线	地线电阻＜1 Ω	每年一次
		发送器+1倒换	逐一关闭发送器，能正常转换至+1发送器工作，轨道电路工作正常。发送恢复后能正常恢复工作	
		接收器单独工作试验	逐一关闭本区段主接收器，并接收能正常工作，轨道电路工作正常	
		衰耗器电气参数测试	较原电压基本无变化	
		发送器放电电容测试	容值测试符合要求	

四、维护方法

1. 专用测试工具

(1)CD96-3Z 移频表(图 2-59)。

(2)定压分路测试仪(图 2-60)。

图 2-59　CD96-3Z 移频表外形图

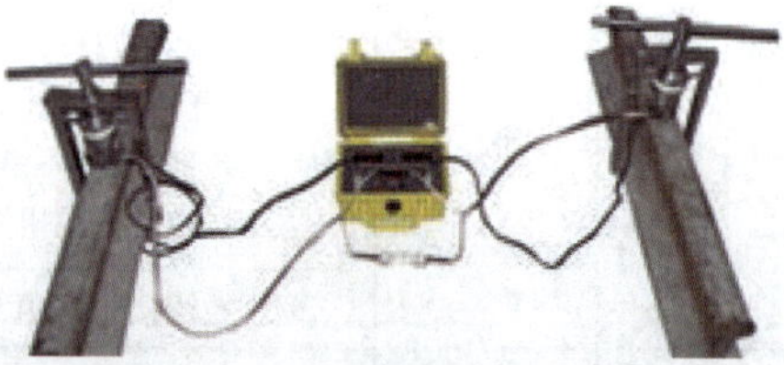

图 2-60　定压分路测试仪外形图

2. 室内设备测试方法

(1)设备工作指示灯判断

直接在设备面板上观察设备工作指示灯状态,如图 2-61 所示。

图 2-61　设备工作指示灯

设备工作指示灯颜色判断:

①发送器工作灯:正常—绿,故障—红;

输出灯:正常—绿闪,故障—红。

②接收器工作灯:正常—绿,故障—红;

CANA、CANB 灯:正常—黄闪,故障—不闪动。

面板显示器:可根据路数选择按钮对相应区段进行轨出电压测试。

③衰耗器轨道灯：显示该区段 GJ 状态，空闲—绿，占用—红。

(2)设备测试

选择移频表脉冲挡位在发送器、衰耗器面板上的塞孔处直接测试，接收器面板上的显示面板可用于直接显示各特征量。

①发送器、衰耗器面板塞孔如图 2-62 所示。

可在发送器、衰耗器面板塞孔上进行测试，测试的特征量值为本区段轨道电路工作情况。

图 2-62 发送器、衰耗器面板塞孔

可在发送器、衰耗器面板塞孔上进行测试，测试的特征量值为本区段轨道电路工作情况。

发送器：电源—发送器电源输入；

输出—发送器输出电压。

衰耗器：衰耗入—从分线盘处引入衰耗器入口的脉冲信号电压；

轨入—经过电缆调整后的衰耗器轨入电压；

轨出—经过接收电平级调整后的电压；

GJ(Z)—主接收器输出电压；

GJ(B)—备接收器输出电压；

GJ—轨道继电器电压。

②接收器面板如图 2-63 所示。

可通过在接收器面板上的“路数选择”按钮选取被测的区段，直接读取区段轨出峰头、峰尾幅度，脉冲信号频率及头尾比值。可依次选择共计

7 个区段。

3. 室外设备测试方法

(1)扼流变压器测试

使用移频表进行测试,方法如图 2-64 所示。

图 2-63 接收器面板

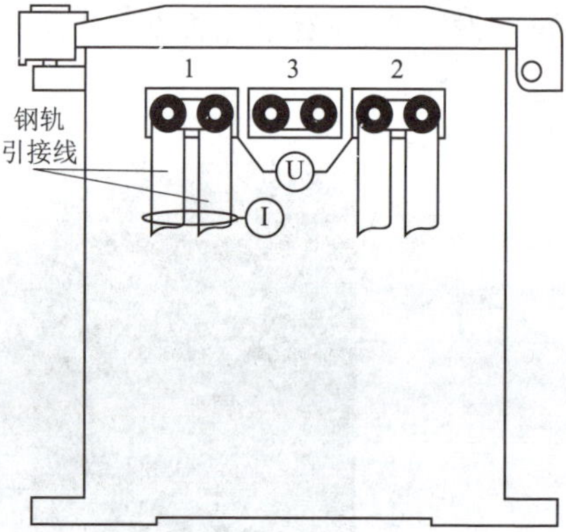

图 2-64 扼流变压器变比测试示意图

①从扼流变压器的左右两端子 1、2 上测试钢轨侧电压;

②从扼流变压器信号侧端子上测试电缆侧电压;

③待移频表显示稳定后,进行测试数据记录;

④计算变比符合调整表要求。

(2)补偿电容容值在线测试

①使用移频表电容测试挡进行测试;

②从补偿电容在钢轨安装点坐标轨面测电压,电缆线上测试电流,直接从移频表上读取电容值;

③待移频表显示稳定后,进行测试数据记录;

④由于引线电感对测得电容值的影响,实测电容值误差指标可能由 5%扩大至 10%。

(3)塞钉与钢轨交流接触电阻的在线测试

测试示意如图 2-65 所示。

（a）塞钉式　　（b）膨胀螺栓式

图 2-65　塞钉与钢轨交流接触电阻测试示意图

使用移频表进行测试时，仅能在区段发码后完成测试。

①为取得统一测量值，测试点原则上应选取引接线根部点“A”与同线路坐标轨顶中部点“B”。

②在假设引线与塞钉焊接良好时，可选取塞钉“点 A”和“点 B”(塞钉式)。

③在假设引线与铜端头接触良好时，可选取铜端头“点 A”与“点 B”(膨胀螺栓式)。

④对于双头塞钉应分别测量每个塞钉。测试标准及方法与单一塞钉相同。

⑤测量电压值时，应采用专用测试线，并使仪表距离钢轨 0.6 m 以上，以消除干扰。

⑥在仪表指示稳定时，测量记数。

⑦塞钉接触电阻值为交流阻抗值，与被测点间电流流向电阻及电感有关，一般 2 600 Hz 阻抗值最高，1 700 Hz 阻抗值最低。

(4)分路灵敏度及入口电流在线测试(图 2-66)

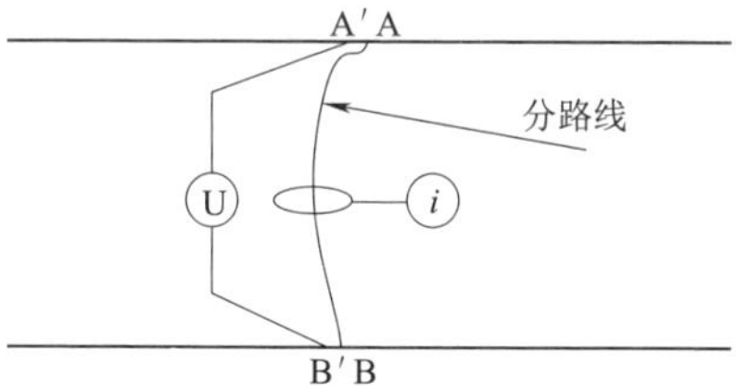

图 2-66　分路灵敏度及入口电流在线测试示意图

使用移频表进行在线测试。测试入口电流大小时，需在区段发码的接收端位置进行。

①在分路线上测分路移频电流 i。

②在轨顶尽量接近分路线 A、B 的 A′、B′点接电压表。该方式测试结果包含了分路线与钢轨的接触电阻。

③采用有足够压力的专用“杠杆压力分路灵敏度线”，轨面经过砂纸打磨，认为与钢轨接触电阻可忽略时可直接在杠杆两端铜头上测电压。

④在仪表指示稳定时测量。一般电压表在最小值（最佳接触状态）时，确认取值。

⑤计算分路电阻值，该值符合 0.15 Ω 标准要求时的电流值即为入口电流值。

（5）轨距杆绝缘在线测试

①在干燥条件下，先测试电压并确认后，再由电流钳测试电流，确认得绝缘轨距杆“漏泄阻抗”值。

②绝缘轨距杆绝缘材料完好条件下，电流多由表面附着赃物造成。有的也为轨距杆中间分界处，铁锈延伸连接两端造成。应简易判断剔除赃物、铁锈，并在连接处涂黄油等。

阻抗测试可采用电压、电流同时测试的双通道仪表，测试原理、显示方法类同。

（6）钢轨脉冲信号极性交叉测试

①使用移频表脉冲挡进行钢轨极性测试。

②按照工程图纸中的极性交叉设置，在轨面上各点直接进行测试钢轨极性。

③测试举例如图 2-67 所示。

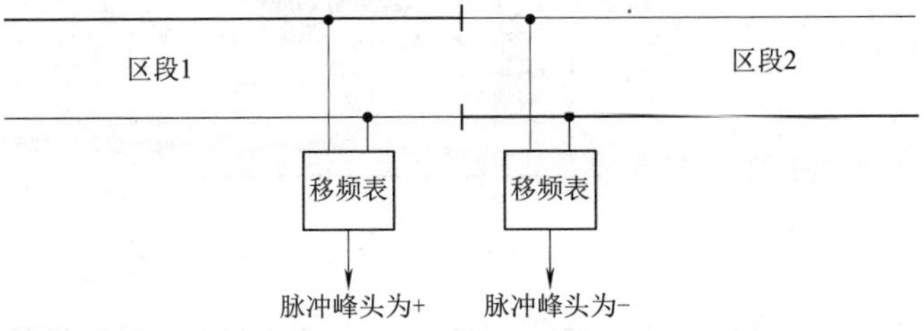

图 2-67　极性交叉测试示意图

第六节　故障处理

从监测界面上确认故障区段的设备工作状态、通信状态确认发生设备故障或通信故障。通过查看故障区段各设备工作指示灯显示确认设备故障情况。

一、一般故障处理

通过对监测信息调阅、设备工作指示灯显示及设备工作值测量，可确认区段故障情况。

监测信息中，当出现通信状态指示灯为红色时，故障类型一般为设备通信故障，可直接更换故障设备解决。

监测信息中，出现设备工作状态指示灯为红色时，故障类型一般为设备故障，可增加对设备工作参数测试判断解决。

对发送器：可通过测试输入电源电压、功出电压、电流，检查后部端子配线，确认是否发送器故障。

对接收器：可通过测试其输入电源电压、轨入电压（脉冲峰头、峰尾电压及极性）、轨出电压（脉冲峰头、峰尾电压及极性），检查后部端子配线，确认是否为接收器故障。

二、无报警故障处理

无故障报警多属于监测不能产生报警的故障。此类故障多由控制台红光带指示及司机行车受阻报告得知。

此类故障处理过程中应迅速区分故障范围属于室内或室外，进而处理。室内外故障划分多在分线盘处测量确定。

排查流程为：

发送功出→组合架→防雷柜→分线盘→室外轨道电路；

接收输入→衰耗→组合架→防雷柜→分线盘→室外轨道电路。

常见的设备故障快速处理方法见表 2-51。

表 2-51　设备故障快速处理方法

序号	可能的故障点	现象	处理
1	衰耗器指示灯故障	"轨道"灯灭，但 GJ 吸起，各项参数测试合格	更换衰耗器
2	衰耗器调整封线断线或接触不良	(1)测试插孔"衰耗入"有脉冲电压； (2)测试插孔"轨入"或"轨出"无脉冲电压	检查衰耗盒电缆调整、接收电平级封线
3	衰耗器调整封线极性错误	测试各塞孔脉冲峰头电压幅度正常，但衰耗入、轨入、轨出极性相反，区段红光带	检查接收电平级、电缆调整封线极性错接
4	发送器输出断线	区段红光带，发送器指示灯正常	测试功出电流，检查功出配线
5	轨道电路继电器接触不良或断线	(1)GJ↓，控制台红光带； (2)衰耗盒轨道灯表示绿灯； (3)GJ 测试插孔有大于 20 V 电压	更换继电器、检查 GJ 配线

第七节　调整表使用方法

一、调整表内容

1. 不对称高压脉冲轨道电路调整表分以下八种类型：

(1)非电气化非电码化股道及无岔区段调整表(与非电气化国产移频电码化股道及无岔区段通用)。

(2)非电气化非电码化道岔区段调整表(与非电气化国产移频电码化道岔区段通用)。

(3)非电气化 ZPW-2000A 电码化股道及无岔区段调整表。

(4)非电气化 ZPW-2000A 电码化道岔区段调整表。

(5)电气化非电码化股道及无岔区段调整表(与电气化国产移频电码化股道及无岔区段通用)。

(6)电气化非电码化道岔区段调整表(与电气化国产移频电码化道岔区段通用)。

(7)电气化 ZPW-2000A 电码化股道及无岔区段调整表。

(8)电气化 ZPW-2000A 电码化道岔区段调整表。

其中电码化调整表包含 ZPW-2000A 电码化调整表、国产移频电码化调整表两种类型。

2. 由封面、编制依据、计算条件、脉冲调整表和电码化调整表(如有电码化)组成。

3. 封面:包含线路名称、车站名称、调整表文件名称、编制单位、编制时间、文件版本号和文件编号。

4. 编制依据:包含调整表编制依据的任务来源及输入资料说明。

5. 计算条件:列出调整表计算使用的钢轨参数、道砟电阻、分路电阻等条件。

6. 脉冲调整表:按通用调整表和专用调整表两种形式给出,每张调整表包含区段配置和各点电压参考范围两部分内容。

(1)通用调整表按调整表类型、送端电缆长度、轨道区段长度形式给出;

(2)专用调整表按区段名称依区段具体配置给出。

7. 电码化调整表:仅包含区段配置部分。

二、使用方法

1. 根据车站名称、区段名称、调整表类型、电缆长度、轨道区段长度、区段频率(电码化)等信息,找到相应调整表。

2. 按照调整表给出的信息:

(1)对不对称高压脉冲轨道电路设备进行送端变压器变比、受端变压器变比、峰头峰尾比、发送电平级和接收电平级配置。

(2)对电码化设备进行发送电平级、BPM1 型匹配变压器变比、BLP1 变压器变比、DFP 匹配防雷单元变比、GM 隔离盒电阻配置。

3. 配置发送和接收端限流电阻(模拟电缆):

(1)发送端电缆环阻与限流电阻之和规定为 20～25 Ω、30～35 Ω、40～50 Ω共三挡。当电缆长度短于规定长度时,通过调整限流电阻补偿至规定范围;当电缆环阻超过 50 Ω 时,需将电缆并芯使用,并芯后的电缆环阻与限流电阻之和规定为 30～35 Ω、40～50 Ω 共两挡。

(2)接收端电缆环阻与限流电阻之和规定为 47～53 Ω。当电缆环阻超过 50 Ω 时,需将电缆并芯使用,并芯后的电缆环阻与限流电阻之和规定为 47～53 Ω。

4. 确认区段实际载频、区段长度、电缆环阻和限流电阻之和、补偿电容容值和数量等基本信息与调整表一致。轨道区段长度:为送、受端机械绝缘节之间的距离。

根据调整表给出的参考值范围,测试并确认轨出电压值、轨入电压值、受端轨面电压值、送端轨面电压值和送端变压器输入端电压值、功出电压值在其范围内。

第三章　BGM 型不对称高压脉冲轨道电路系统

BGM 型不对称高压脉冲轨道电路由西安思源科创轨道交通技术开发有限公司研制。

第一节　系统组成及技术特点

一、系统组成

不对称高压脉冲轨道电路适用于站内，也适用于非自动闭塞车站预告/接近区段，但不适用于驼峰溜放部分的道岔区段。如图 3-1 所示为系统总体结构图，包括不对称高压称脉冲发送设备、传输设备、钢轨、绝缘节、电码化隔离匹配设备、抑制器、接收设备、继电器等图中用实线框出的部分。

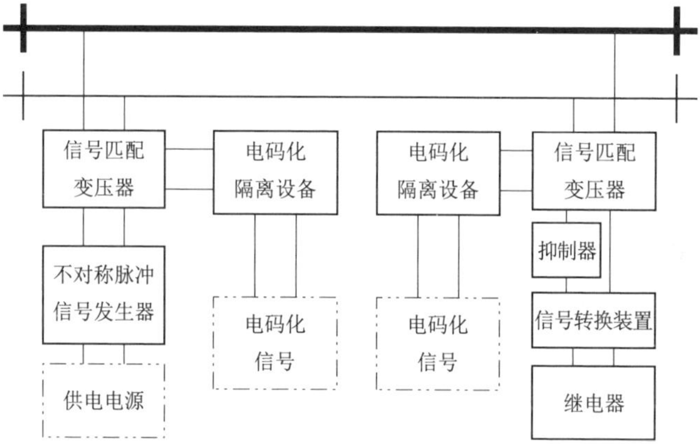

图 3-1　不对称高压脉冲轨道电路系统总结构图

说明：

(1)电码化隔离匹配设备仅存在于轨道电路叠加电码化区段中；

(2)抑制器存在于轨道电路叠加电码化区段和与电码化区段相邻的高压脉冲区段的受端；

(3)电码化包括国产移频电码化及 ZPW-2000(UM)系列电码化两种。

二、技术特点

不对称高压脉冲轨道电路与欧洲 HVI 轨道电路原理近似，具有以下特点：

1. 分路特性良好

(1)BGM 型不对称高压脉冲轨道电路可应对轻轨车行走的线路，欧洲 HVI 轨道电路已长期应用于轻轨车动车组(欧洲之星)行驶线路。

(2)处于分路状态时，脉冲信号的能量以 e 的指数形式衰减，有助于改善分路特性。

(3)终端继电器动态返还系数最高可达 0.8，静态返还系数为 0.5，可媲美电子继电器的返还系数。

(4)分路灵敏度高，标准分路电阻为 0.15 Ω，在0.6 Ω · km道砟电阻条件下，分路灵敏度可达到 0.5 Ω。

2. 安全性高

(1)分路特性良好保证了轨道电路的安全性。

(2)绝缘节两端实行极性交叉，具有可靠的绝缘破损防护性能。

(3)终端继电器具有差动特性，改善了断轨、绝缘破损的防护性能；在电气化区段，断轨、绝缘破损都将使轨道电路产生不平衡电流，此时终端继电器由于差动特性的作用而落下。

(4)抗干扰能力强。

(5)接收端不需要电源，传输到系统终端的脉冲能量转化成驱动终端继电器衔铁的动力，是具有物理特征的能量转化的典型模型，保证了轨道电路的安全。

3. 可靠性高

瑞典系统专家奥斯特隆姆(Astrom)和威顿马克(Wittenmark)分析计算机控制系统区别于其他机械部件和电子元件所构成系统特征时，明确指出：由于计算机控制系统的结构复杂性和功能多样性，特别是计算机软件缺乏物理约束、缺乏与物理特征相关联的物理形式，以及软件运行具有不连续行为，不仅使得各种复杂的计算方法、复杂的处理逻辑和复杂的控制策略变得容易开发和实现，同时也使得控制系统容易蕴藏各种隐患和发生故障，甚至会直接威胁到控制过程的可靠性和被控对象的安全性。

在不对称高压脉冲轨道电路的器材中，作为信号基础设备，没有涉及任何计算机软件控制的芯片，使用的均为简单的永久性或半永久元件，保证了高压脉冲轨道电路的安全可靠运行。

第二节　设备构成

不对称高压脉冲轨道电路主要由电源、高压脉冲发送设备、高压脉冲传输设备、高压脉冲接收设备、高压脉冲电码化隔离设备和继电器设备组成。

不对称高压脉冲轨道电路可分为集中式、分散式两种形式设置。两者的区别在于高压脉冲发送设备的不同。

分散式不对称高压脉冲轨道电路发送设备由高压脉冲发码电源变压器、GM・HF 系列高压脉冲发码盒和 GM・RT 调整电阻 3 个部分共同组成，放置于室外。

集中式不对称高压脉冲轨道电路发送设备为 GM・F 系列高压脉冲发码器，放置于室内。

一、高压脉冲发码电源变压器

1. 功能

用于分散式不对称高压脉冲轨道电路的发送端，与 GM・HF 系列高压脉冲发码盒、GM・RT 调整电阻器成套使用，构成分散式不对称高压脉冲轨道电路发码部分。其作用是给高压脉冲发码盒提供电源。

2. 型号及含义

高压脉冲发码电源变压器有三种型号：GM・BDF-100/25，GM・BDF-100/50，GM・QBW-60/50。

采用 25 Hz 电源模块供电时用 GM・BDF-100/25，与 GM・HF1-25 配套使用。

采用 50 Hz 电源模块供电时用 GM・BDF-100/50 或用 GM・QBW-60/50；GM・BDF-100/50 与 GM・HF1-50 配套使用；GM・QBW-60/50（具有稳压作用）与 GM・HF2-50 配套使用。

高压脉冲发码电源变压器型号及其含义如图 3-2、图 3-3 所示。

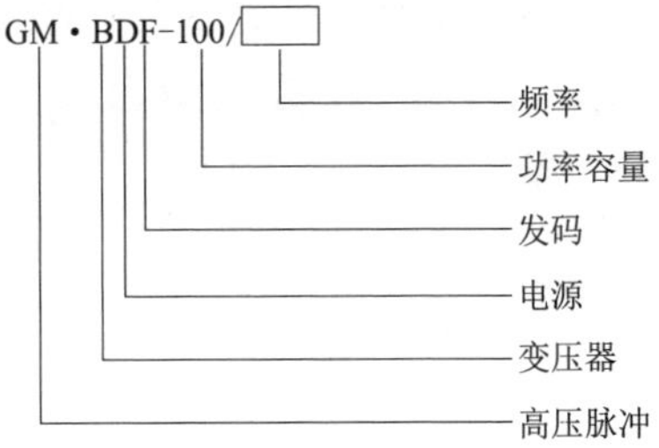

图 3-2　GM · BDF-100/25(50)
型号含义

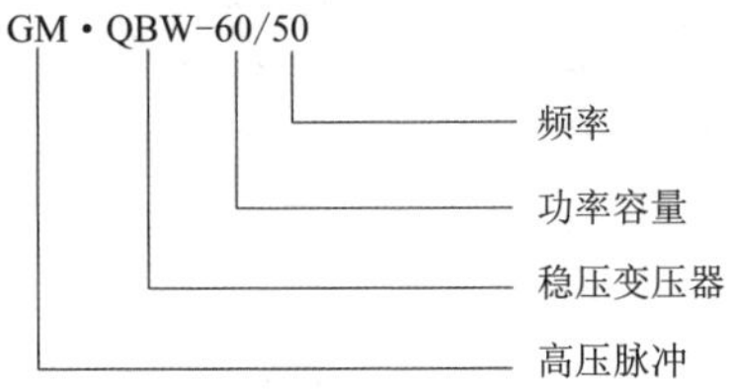

图 3-3　GM · QBW-60/50
型号含义

3. 端子定义

GM · BDF-100/25 型高压脉冲发码电源变压器端子及外形示意如图 3-4 所示。

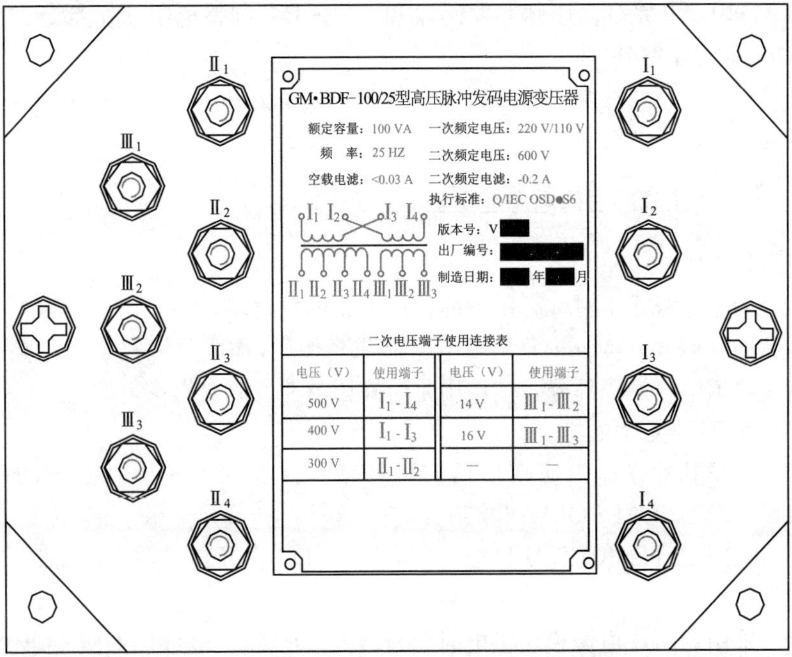

图 3-4　GM · BDF-100/25 型高压脉冲发码电源变压器端子及外形示意图

高压脉冲发码电源变压器端子代号及用途说明见表 3-1。

表 3-1 高压脉冲发码电源变压器端子代号及用途说明表

序号	端子代号	用途	备注
1	$Ⅰ_1$	AC 220 V 电源输入端子	50 Hz/25 Hz
2	$Ⅰ_2$	跨接端子	使用时 $Ⅰ_2$-$Ⅰ_3$短接
3	$Ⅰ_3$	跨接端子	使用时 $Ⅰ_2$-$Ⅰ_3$短接
4	$Ⅰ_4$	AC 220 V 电源输入端子	50 Hz/25 Hz
5	$Ⅱ_1$	高压调整公共端子	连接发码盒端子 1
6	$Ⅱ_2$	高压调整端子	$Ⅱ_1$-$Ⅱ_2$对应电压挡位 300
7	$Ⅱ_3$	高压调整端子	$Ⅱ_1$-$Ⅱ_3$对应电压挡位 400
8	$Ⅱ_4$	高压调整端子	$Ⅱ_1$-$Ⅱ_4$对应电压挡位 500
9	$Ⅲ_1$	低压调整公共端子	连接发码盒端子 4
10	$Ⅲ_2$	低压调整端子	$Ⅲ_1$-$Ⅲ_2$对应电压挡位 14
11	$Ⅲ_3$	低压调整端子	$Ⅲ_1$-$Ⅲ_3$对应电压挡位 16

4. 电气指标(表 3-2)

(1)工作频率:50 Hz/25 Hz;

(2)输入电压:AC 176～242 V(GM·QBW);AC 220 V(GM·BDF)。

表 3-2 高压脉冲发码电源变压器电气指标

型号	额定容量(VA)	额定频率(Hz)	一次线圈		二次线圈	
			额定电压(V)	空载电流(A)	额定电压(V)	额定电流(A)
GM·BDF-100/50	100	50	220	≤0.03	300、400、500	0.2
					14、16	0.1
GM·BDF-100/25	100	25	220	≤0.025	300、400、500	0.2
					14、16	0.1
GM·QBW-60/50	60	50	220	≤0.35	300、400、520	0.115
					14、16	0.1

5. 电气原理(图 3-5)

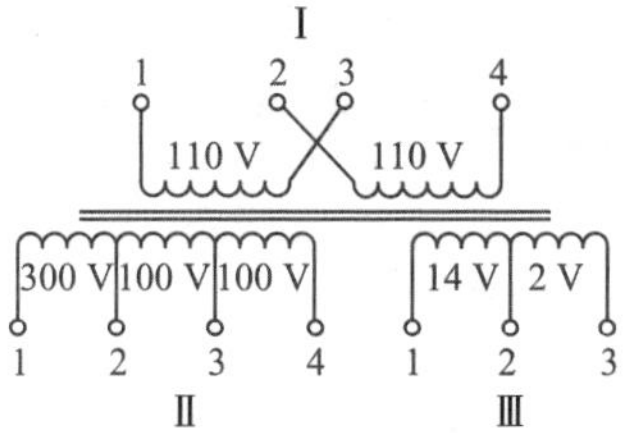

图 3-5　高压脉冲发码电源变压器电气原理图

6. 设备安装

本设备和 GM·HF 系列高压脉冲发码盒、高压脉冲调整电阻器一同放置在室外 XB 箱中,铭牌上有电压调整及端子对照表,可对照调整使用。

二、GM·HF 系列高压脉冲发码盒

1. 功能

用于分散式不对称高压脉冲轨道电路的发送端,与高压脉冲发码电源变压器、GM·RT 调整电阻器成套使用,构成分散式不对称高压脉冲轨道电路发码部分。其作用是产生高压脉冲信号。

2. 型号及含义

高压脉冲发码盒现有 3 种型号:GM·HF1-25,GM·HF1-50,GM·HF2-50。

采用 25 Hz 电源模块供电时用 GM·HF1-25,与 GM·BDF-100/25 配套使用。

采用 50 Hz 电源模块供电时用 GM·HF1-50 与 GM·BDF-100/50 配套使用或用 GM·HF2-50 与 GM·QBW-60/25(具有稳压作用)配套使用。

GM·HF 系列高压脉冲发码盒型号含义如图 3-6 所示。

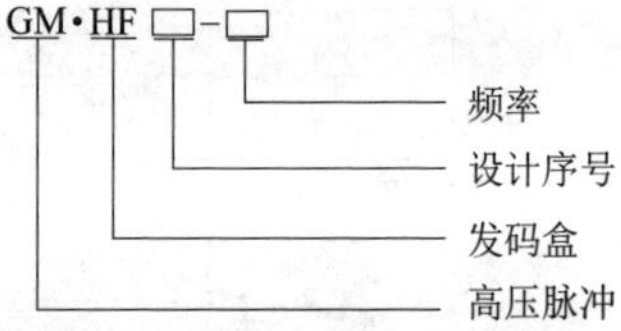

图 3-6　GM·HF 系列高压脉冲发码盒型号含义

3. 端子定义

GM·HF 系列高压脉冲发码盒端子及外形示意如图 3-7 所示。

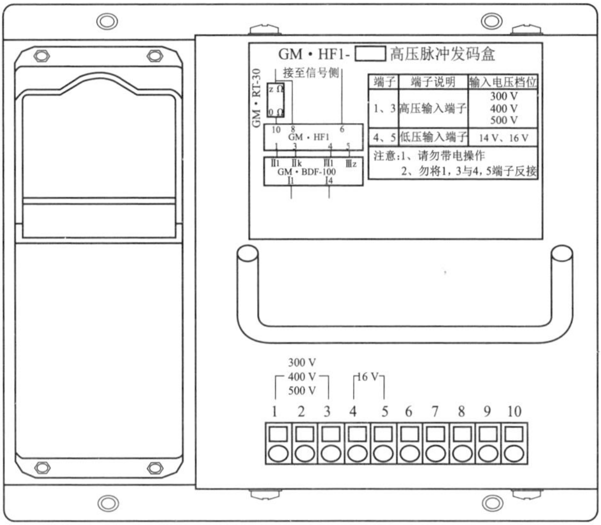

图 3-7　GM·HF 系列高压脉冲发码盒端子及外形示意图

GM·HF 系列高压脉冲发码盒端子代号及用途说明见表 3-3。

表 3-3　GM·HF 系列高压脉冲发码盒端子代号及用途说明表

端子编号	用途	备注
1	高压输入公共端子	连接稳压变压器/电源变压器端子 $Ⅱ_1$
2	NC	
3	高压输入端子	连接稳压变压器/电源变压器端子 $Ⅱ_2$/$Ⅱ_3$/$Ⅱ_4$
4	低压输入公共端	连接稳压变压器/电源变压器端子 $Ⅲ_1$
5	低压输入端子	连接稳压变压器/电源变压器端子 $Ⅲ_3$
6	脉冲输出端子	连接扼流变压器/轨道变压器
7	NC	
8	脉冲输出端子	连接扼流变压器/轨道变压器
9	NC	
10	电阻调整端子	连接调整电阻器

4. 电气指标(表 3-4)。

表 3-4　GM·HF 系列高压脉冲发码盒电气指标

高压脉冲发码盒GM·HF系列	与发码盒端子 3 相连接的变压器端子	GM·RT-30 调整电阻上测量峰值电压(V)				端子 6、8 测试频率(Hz)
		5 Ω	10 Ω	15 Ω	20 Ω	
	Ⅱ$_2$	60～140	150～240	235～350	330～460	2.85～3.15
	Ⅱ$_3$	100～180	210～320	315～460	430～600	
	Ⅱ$_4$	120～210	250～390	380～570	510～760	

5. 设备安装

本设备和高压脉冲发码电源变压器、高压脉冲调整电阻器一同放置在室外 XB 箱中。

三、GM·RT-30 型高压脉冲调整电阻器

1. 功能

用于分散式不对称高压脉冲轨道电路的发送端,与高压脉冲发码电源变压器、GM·HF 系列高压脉冲发码盒成套使用,构成分散式不对称高压脉冲轨道电路发码部分。其作用是调整高压脉冲输出电压,以及轨道电路的送端阻抗。

2. 型号及含义

高压脉冲调整电阻器型号含义如图 3-8 所示。

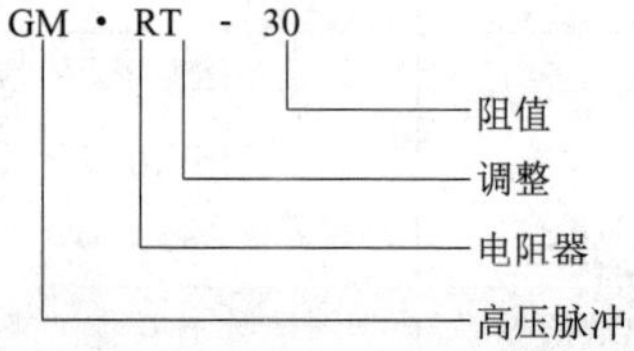

图 3-8　高压脉冲调整电阻器型号含义

3. 端子定义

高压脉冲调整电阻器端子及外形示意如图 3-9 所示。

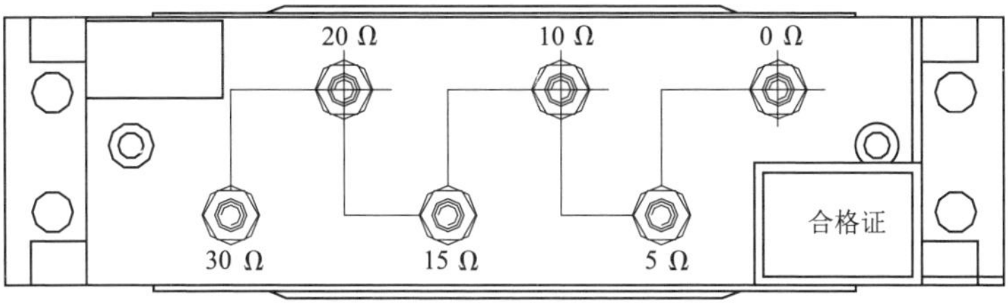

图 3-9　高压脉冲调整电阻器端子及外形示意图

4. 电气指标(表 3-5)

表 3-5　GM · RT-30 型高压脉冲调整电阻器电气指标

型号	额定功率（W）	标称电阻（Ω）	电阻器抽头间电阻 Ω 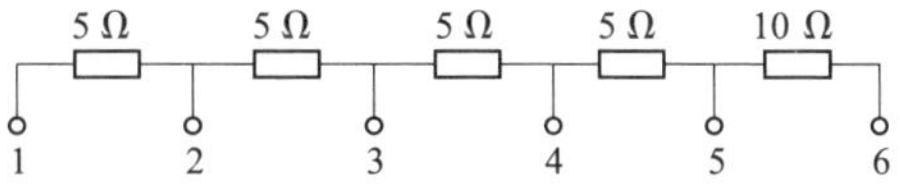					
			1-2	2-3	3-4	4-5	5-6	1-6
GM · RT-30	150	30	5	5	5	5	10	30

发码器分散设置时,限流电阻应不小于 10 Ω。

5. 电气原理(图 3-10)

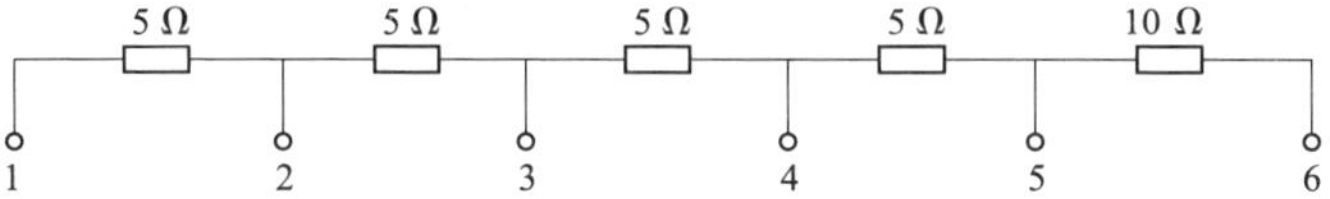

图 3-10　高压脉冲调整电阻器电气原理图

6. 设备安装

本设备和高压脉冲发码盒、高压脉冲电源变压器一同放置在室外 XB 箱中,引出端子为 M6 铜螺栓,可根据电压需要调整使用。

四、GM · F 系列高压脉冲发码器

1. 功能

代替高压脉冲发码电源变压器、GM · HF 系列高压脉冲发码盒和 GM · RT 调整电阻,构成组合式发码器。其作用是产生高压脉冲信号。

2. 型号及含义

GM・F 系列高压脉冲发码器现有 5 种型号:GM・F1-25、GM・F1-50、GM・F2-50、GM・F3-50、GM・F3-50/N。

采用 25 Hz 电源模块供电时用 GM・F1-25。

采用 50 Hz 电源模块供电时用 GM・F1-50 或 GM・F2-50(具有稳压作用),GM・F3-50(具有稳压作用)、GM・F3-50/N(具有稳压作用)。

GM・F 系列高压脉冲发码器型号含义如图 3-11 所示。

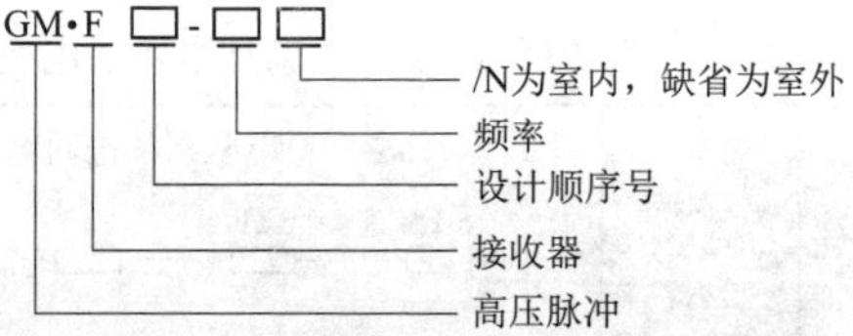

图 3-11　GM・F 系列高压脉冲发码器型号含义

3. 端子定义

GM・F 系列高压脉冲发码器端子及外形示意如图 3-12 所示。

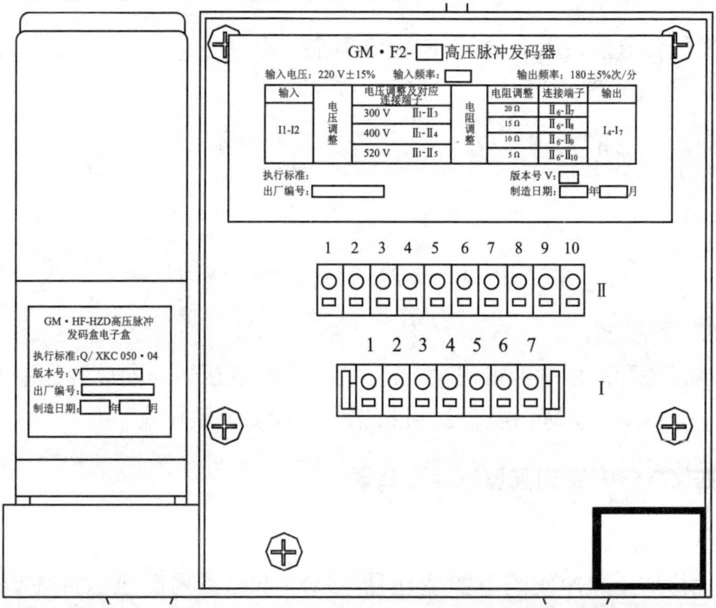

图 3-12　GM・F 系列高压脉冲发码器端子及外形示意图

GM·F系列高压脉冲发码器端子代号及用途说明见表3-6。

表3-6　GM·F系列高压脉冲发码器端子代号及用途说明表

序号	端子代号	用途	备注
1	$Ⅰ_1$	AC 220 V电源输入端	50 Hz/25 Hz
2	$Ⅰ_2$	AC 220 V电源输入端	50 Hz/25 Hz
3	$Ⅰ_3$	NC	
4	$Ⅰ_4$	脉冲信号输出端−	连接扼流变压器/轨道变压器
5	$Ⅰ_5$	NC	
6	$Ⅰ_6$	NC	
7	$Ⅰ_7$	脉冲信号输出端＋	连接扼流变压器/轨道变压器
8	$Ⅱ_1$	电压调整公共端子	
9	$Ⅱ_2$	NC	
10	$Ⅱ_3$	电压调整端子	$Ⅱ_1$～$Ⅱ_3$对应电压挡位300
11	$Ⅱ_4$	电压调整端子	$Ⅱ_1$～$Ⅱ_4$对应电压挡位400
12	$Ⅱ_5$	电压调整端子	$Ⅱ_1$～$Ⅱ_5$对应电压挡位500
13	$Ⅱ_6$	电阻调整公共端子	
14	$Ⅱ_7$	电阻调整端子	$Ⅱ_6$～$Ⅱ_7$对应电阻挡位20
15	$Ⅱ_8$	电阻调整端子	$Ⅱ_6$～$Ⅱ_8$对应电阻挡位15
16	$Ⅱ_9$	电阻调整端子	$Ⅱ_6$～$Ⅱ_9$对应电阻挡位10
17	$Ⅱ_{10}$	电阻调整端子	$Ⅱ_6$～$Ⅱ_{10}$对应电阻挡位5

4. 电气指标

(1)工作频率:50 Hz/25 Hz;

(2)输入电压:AC 209～231 V(GM·F1-50);

AC 213.4～226.6 V(GM·F1-25);

AC 176～253 V(GM·F2-50);

(3)输出频率:2.85～3.15 Hz。

电气指标见表3-7。

表 3-7　GM·F 系列高压脉冲发码器电气指标

预置条件:分别连接端子Ⅱ$_6$-Ⅱ$_7$,Ⅰ$_4$-Ⅰ$_7$,Ⅰ$_1$-Ⅰ$_2$端子输入 50 Hz/25 Hz、220 V					
连接电压调整端子	调整电阻上测量峰值电压(V)				测试频率(Hz)Ⅱ$_6$-Ⅱ$_8$
	Ⅱ$_6$-Ⅱ$_8$	Ⅱ$_6$-Ⅱ$_9$	Ⅱ$_6$-Ⅱ$_{10}$	Ⅱ$_6$～Ⅰ$_7$	
Ⅱ$_1$-Ⅱ$_3$	60～140	150～240	235～350	330～460	2.85～3.15
Ⅱ$_1$-Ⅱ$_4$	100～180	210～320	315～460	430～600	
Ⅱ$_1$-Ⅱ$_5$	120～210	250～390	380～570	510～760	

5. 设备安装

本设备放置在室内综合托架上,一层托盘占两层组合架位置,可容纳 4 台 GM·F 系列高压脉冲发码器。

五、BE$_{1(2)}$-M2 系列高压脉冲扼流变压器

1. 功能

适用于电气化区段高压脉冲轨道电路,其作用是构通牵引电流,吸收不平衡牵引电流。调整轨道电路阻抗和轨道电压,改善轨道电路的分路灵敏度。

2. 型号及含义

BE$_{1(2)}$-M2 系列扼流变压器,E 后边的数字 1 代表使用 400 Hz 铁芯,用于电码化区段,2 代表使用 50 Hz 铁芯,用于非电码化区段。M2 代表调谐器。

BE$_{1(2)}$-M2 系列高压脉冲扼流变压器型号含义如图 3-13 所示。

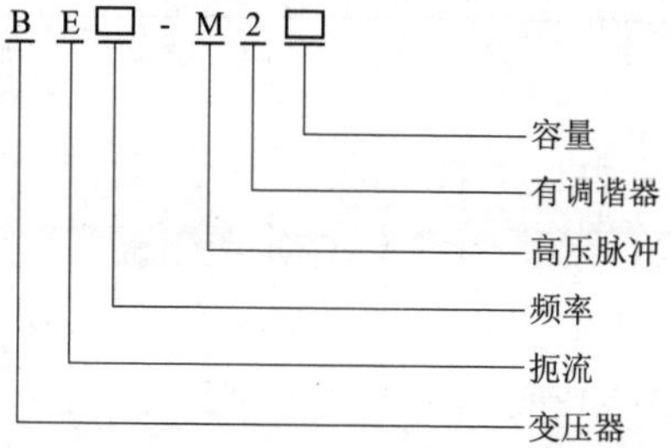

图 3-13　BE$_{1(2)}$-M2 系列高压脉冲扼流变压器型号含义

3. 端子定义

高压脉冲扼流变压器端子及外形示意、调谐器示意如图 3-14、图 3-15 所示。

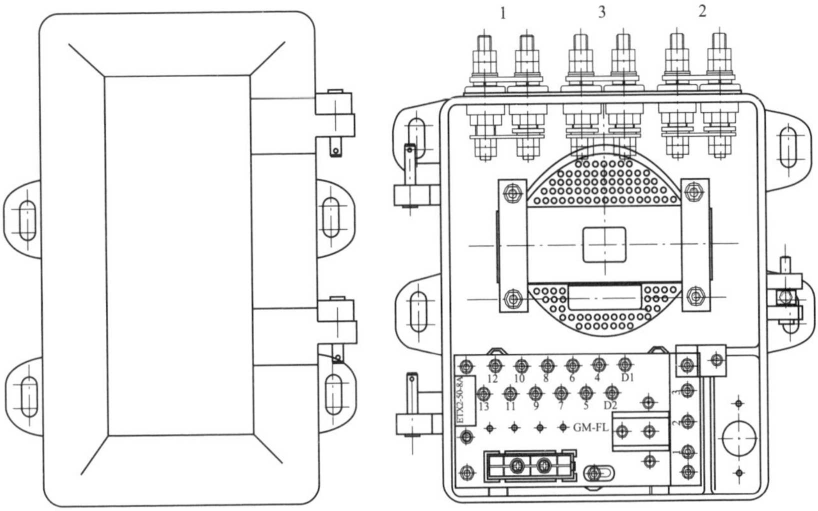

图 3-14　高压脉冲扼流变压器端子及外形示意图

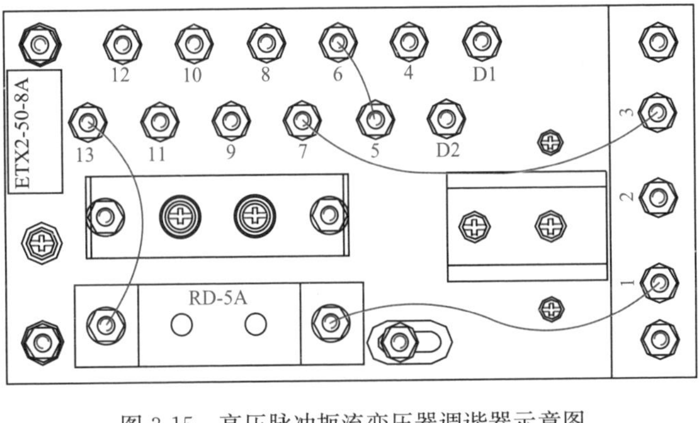

图 3-15　高压脉冲扼流变压器调谐器示意图

$BE_{1(2)}$-M2 系列高压脉冲扼流变压器端子代号及用途说明见表 3-8。

表 3-8　$BE_{1(2)}$-M2 系列高压脉冲扼流变压器端子代号及用途说明表

序号	端子代号	用途	备注
1	1	接轨道	牵引螺栓
2	3	接中心连接铁板	牵引螺栓
3	2	接轨道	牵引螺栓
4	1	按调整表接第三线圈端子	调谐器
5	2	调谐器电感电容测试端子	调谐器
6	3	按调整表接第三线圈端子	调谐器
7	D1	接信号电缆	空端子
8	D2	接信号电缆	空端子
9	4	按调整表接信号电缆和调谐器	第三线圈
10	5	按调整表接信号电缆和调谐器	第三线圈
11	6	按调整表接信号电缆和调谐器	第三线圈
12	7	按调整表接信号电缆和调谐器	第三线圈
13	8	按调整表接信号电缆和调谐器	第三线圈
14	9	按调整表接信号电缆和调谐器	第三线圈
15	10	按调整表接信号电缆和调谐器	第三线圈
16	11	按调整表接信号电缆和调谐器	第三线圈
17	12	按调整表接信号电缆和调谐器	第三线圈
18	13	按调整表接信号电缆和调谐器	第三线圈

4. 电气指标(表 3-9)

表 3-9　$BE_{1(2)}$-M2 系列高压脉冲扼流变压器电气指标

项　　目	电气指标
同　名　端	1、4、6
匝比(牵引线圈/信号线圈 4-5)(误差±5%)	1∶3
匝比(牵引线圈/信号线圈 6-13)(误差±5%)	1∶(1+1+1+1+1+1+1.5)

续上表

项　　目	电气指标
牵引线圈加 10 V/50 Hz 电压，其阻抗值	≥3
不平衡牵引电流不小于 50 A(加 50 Hz 电压于牵引线圈)，变压器饱和时，信号线圈 7-13 的开路电压值	≤200
不平衡度	<0.5
注：扼流变压器包含 BE_1-M2 400，BE_1-M2 600，BE_1-M2 800，BE_1-M2 1000，BE_1-M2 1200，BE_1-M2 1600，BE_2-M2 400，BE_2-M2 600，BE_2-M2 800，BE_2-M2 1000，BE_2-M2 1200，BE_2-M2 1600。	

(2)电气原理(图 3-16)

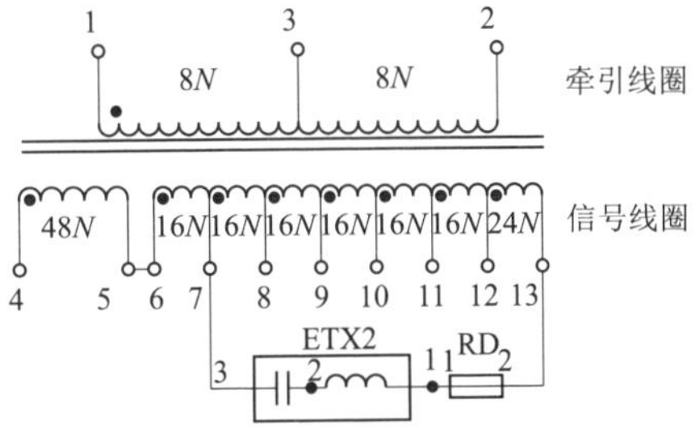

图 3-16　$BE_{1(2)}$-M2 系列高压脉冲扼流变压器原理图

5. 设备安装

本设备放置在室外，设置在轨道电路送、受端。牵引螺栓连接钢轨连接线，D1，D2 接信号电缆。

六、GM·BG1-80 型高压脉冲轨道变压器

1. 功能

用于不对称高压脉冲轨道电路非电气化区段，其作用是电压变换和阻抗匹配。

2. 型号及含义

GM·BG1-80 型高压脉冲轨道变压器型号含义如图 3-17 所示。

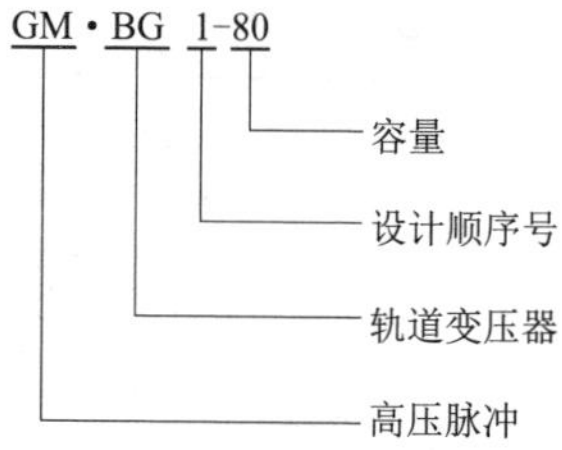

图 3-17 GM · BG1-80 型高压脉冲轨道变压器型号含义

3. 端子定义

GM · BG1-80 型高压脉冲轨道变压器端子及外形示意如图 3-18 所示。

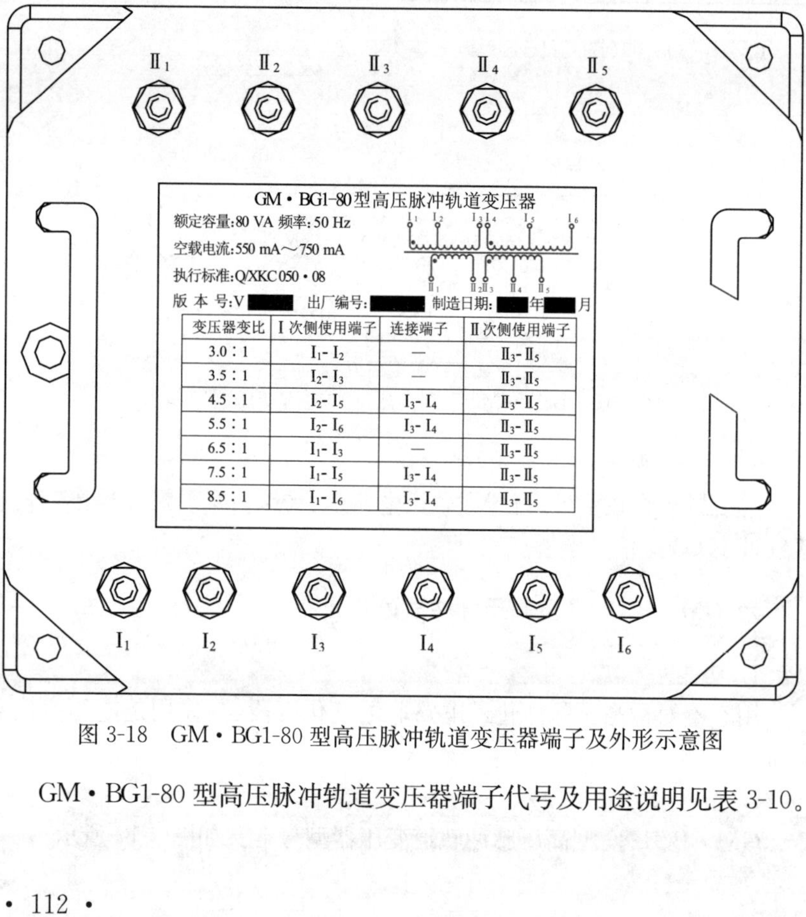

图 3-18 GM · BG1-80 型高压脉冲轨道变压器端子及外形示意图

GM · BG1-80 型高压脉冲轨道变压器端子代号及用途说明见表 3-10。

表 3-10　GM·BG1-80 型高压脉冲轨道变压器端子代号及用途说明表

序号	端子代号	用途	备注
1	I_1	电压端子	
2	I_2	电压调整端子	I_1-I_2对应电压挡位 79.45 V
3	I_3	电压调整端子	I_2-I_3对应电压挡位 90.85 V
4	I_4	电压端子	
5	I_5	电压调整端子	I_4-I_5对应电压挡位 23.22 V
6	I_6	电压调整端子	I_5-I_6对应电压挡位 26.48 V
7	II_1	电压端子	
8	II_2	电压调整端子	II_1-II_2对应电压挡位 14.26 V
9	II_3	电压端子	
10	II_4	电压调整端子	II_3-II_4对应电压挡位 8.15 V
11	II_5	电压调整端子	II_4-II_5对应电压挡位 18.33 V

4. 技术指标

(1)电气指标(表 3-11)

表 3-11　GM·BG1-80 型高压脉冲轨道变压器电气指标

型号	额定容量(VA)	额定频率(Hz)	一次线圈		二次线圈	
			额定电压(V)	空载电流(A)	额定电压(V)	额定电流(A)
GM·BG1-80	80	50	220	0.55～0.75	8.15～40.74	2.0

(2)原理图(图 3-19)

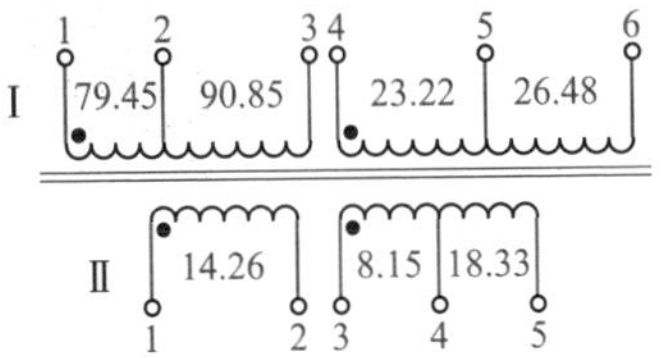

图 3-19　GM·BG1-80 型高压脉冲轨道变压器原理图

5. 设备安装

本设备放置在 XB 箱中,引出螺栓为 M6。

七、GM・Y1 型高压脉冲译码器

1. 功能

用于 BGM 型不对称高压脉冲轨道电路的接收端，其作用是接收来自轨面的不对称高压脉冲信号，将其处理后供给二元差动继电器。

2. 型号及含义

GM・Y1 型高压脉冲译码器型号含义如图 3-20 所示。

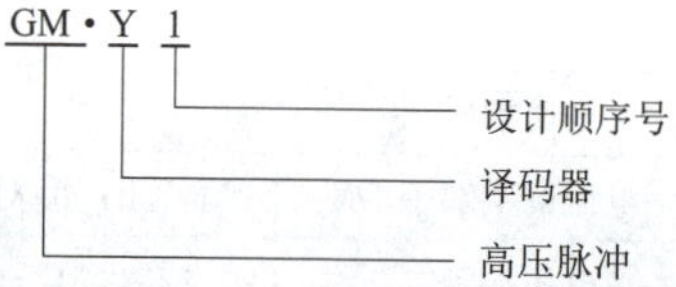

图 3-20　GM・Y1 型高压脉冲译码器型号含义

3. 端子定义

GM・Y1 型高压脉冲译码器端子及外形示意如图 3-21 所示。

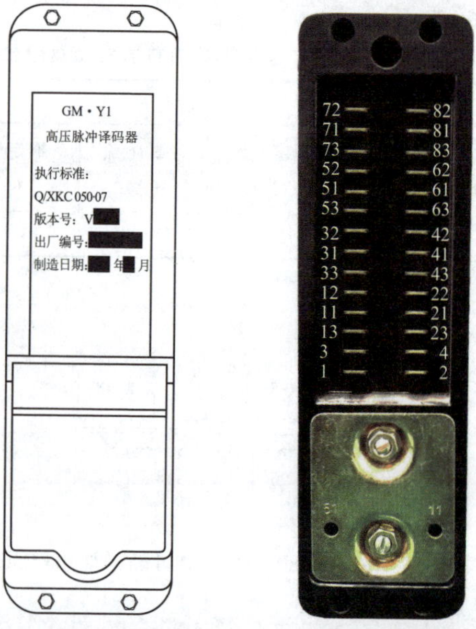

图 3-21　GM・Y1 型高压脉冲译码器端子及外形示意图

GM·Y1型高压脉冲译码器端子代号及用途说明见表3-12。

表3-12　GM·Y1型高压脉冲译码器端子代号及用途说明表

序号	端子代号	用途	备注
1	1	输入端	
2	2	NC	
3	3	输入端	
4	21	接JCRC二元差动继电器1	
5	22	接JCRC二元差动继电器2	
6	41	接JCRC二元差动继电器3	
7	42	接JCRC二元差动继电器4	
8	4	连接23	
9	23	连接4	
10	43	尾部电压调整公共端子	连接4-23
11	11	尾部电压调整端子	43～11输出头尾电压比例:1∶4
12	12	尾部电压调整端子	43～12输出头尾电压比例:1∶5
13	33	尾部电压调整端子	43～33输出头尾电压比例:1∶6
14	31	尾部电压调整端子	43～31输出头尾电压比例:1∶7
15	32	尾部电压调整端子	43～32输出头尾电压比例:1∶8

4. 技术指标

(1)电气指标(表3-13)

表3-13　GM·Y1型高压脉冲译码器电气指标

预置条件	连接端子4、23,端子41、42并接7.5 kΩ/0.5 W电阻,端子21、22并接24 kΩ/0.5 W电阻,端子1、2之间输入50 Hz、44 V电压				
输出端子	调节连接端子				
	43-11	43-12	43-33	43-31	43-32
41(+)、42(−)	40～55 V	50～65 V	60～75 V	70～85 V	80～95 V
21(+)、22(−)	9～12 V				

(2)原理(图 3-22)

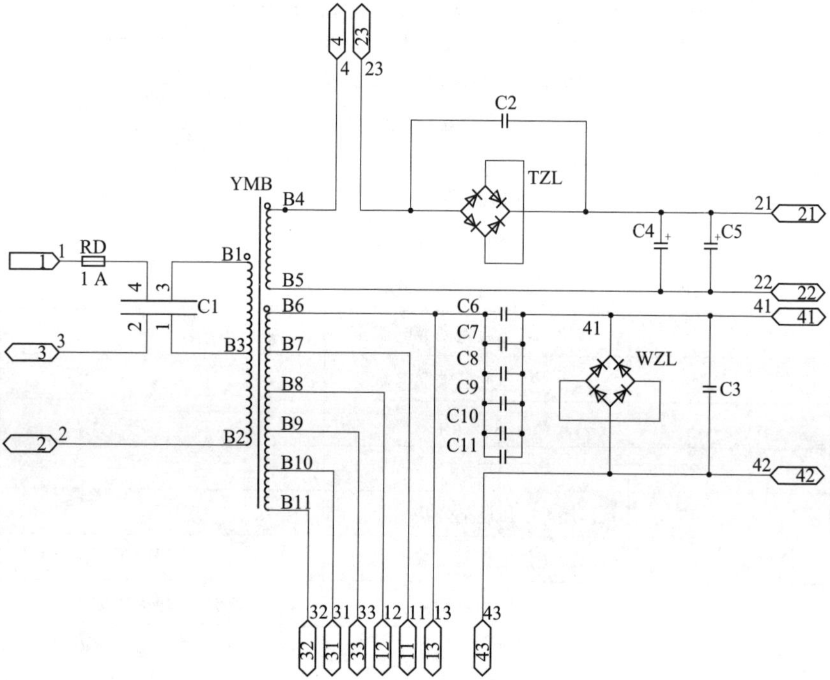

图 3-22　GM・Y1 型高压脉冲译码器原理图

5. 设备安装

高压脉冲译码器按照设备布置图放置于室内组合架,按照接线图进行合理配线。

八、GM・Y2 型高压脉冲译码器

1. 功能

GM・Y2 型高压脉冲译码器具有如下功能:

(1)对脉冲信号进行分析处理,输出头部电压信号、尾部电压信号、监测电压信号及脉冲频率信号给高压脉冲电子差动接收器使用。

(2)模拟电缆调整功能。

2. 型号及含义

高压脉冲译码器型号含义如图 3-23 所示。

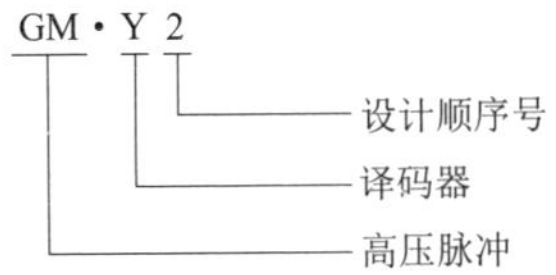

图 3-23　GM · Y2 型号含义

3. 端子定义

GM · Y2 型高压脉冲译码器端子代号及用途说明见表 3-14。

表 3-14　GM · Y2 型高压脉冲译码器端子代号及用途说明表

端子号	端子名称	用途说明
1	GM · TA	A 路头部电压输入
2	GM · TB	B 路头部电压输入
3	GM · GND	脉冲电压输入地
4	GM · GND	
5	GM · JC	监测电压输入
6	GM · WB	B 路尾部电压输入
7	NC	空
8	GM · WA	A 路尾部电压输入
9	NC	空
10	NC	空
11	NC	空
12	NC	空
13	43	尾部电压调整公共端
14	11	尾部电压调整,43-11 输出头尾电压比例为 1∶4
15	12	尾部电压调整,43-12 输出头尾电压比例为 1∶5
16	33	尾部电压调整,43-33 输出头尾电压比例为 1∶6
17	31	尾部电压调整,43-31 输出头尾电压比例为 1∶7
18	32	尾部电压调整,43-32 输出头尾电压比例为 1∶8
19	FRE−	频率检测输入负
20	FRE+	频率检测输入正
21	FRE+	
22	IN Sig2	信号输出端 2
23	IN Sig2	

续上表

端子号	端子名称	用途说明
24	IN Sig3	信号输出端 3
25	IN Sig3	
26	9	模拟电缆调整端 9
27	9	
28	8	模拟电缆调整端 8
29	7	模拟电缆调整端 7
30	6	模拟电缆调整端 6
31	5	模拟电缆调整端 5
32	4	模拟电缆调整端 4
33	3	模拟电缆调整端 3
34	2	模拟电缆调整端 2
35	IN Sig1	信号输入端 1

4. 电气指标

GM・Y2 型高压脉冲译码器电气指标见表 3-15。

表 3-15　GM・Y2 型高压脉冲译码器的电气指标

序号	测试内容			标准参数
1	B1-B2 端子输入 50 Hz、44 V 电压	43-11	头部电压(DC)(V)	$12 \geqslant U \geqslant 9$
			尾部电压(DC)(V)	$55 \geqslant U \geqslant 40$
			F 圈电压(AC)(V)	$4.51 \geqslant U \geqslant 3.69$
		43-12	尾部电压(DC)(V)	$65 \geqslant U \geqslant 50$
		43-33	尾部电压(DC)(V)	$75 \geqslant U \geqslant 60$
		43-31	尾部电压(DC)(V)	$85 \geqslant U \geqslant 70$
		43-32	尾部电压(DC)(V)	$95 \geqslant U \geqslant 80$
2	匹配电阻	头部电阻(kΩ)		$27.17\ \text{k}\Omega \geqslant R_T \geqslant 22.23\ \text{k}\Omega$
		尾部电阻(kΩ)		$8.25\ \text{k}\Omega \geqslant R_W \geqslant 6.75\ \text{k}\Omega$
3	电缆电阻(Ω)			$55\ \Omega \geqslant R_L \geqslant 45\ \Omega$

注:1. 尾部电压输出端子:JC-W(+)与 JC-G(−);

2. 头部电压输出端子:JC-T(+)与 JC-G(−)。

5. 设备安装

高压脉冲电子差动接收器安装于 BGM1 型不对称高压脉冲轨道电路接收端机箱内。

九、JCRC-24. 7k/7. 5k 型二元差动继电器

1. 功能

二元差动继电器是不对称高压脉冲轨道电路的核心元件，和高压脉冲译码器构成不对称高压脉冲轨道电路的接收端，由高压脉冲译码器提供工作电源，不需要局部电源。

2. 型号及含义

JCRC-24. 7k/7. 5k 型二元差动继电器型号含义如图 3-24 所示。

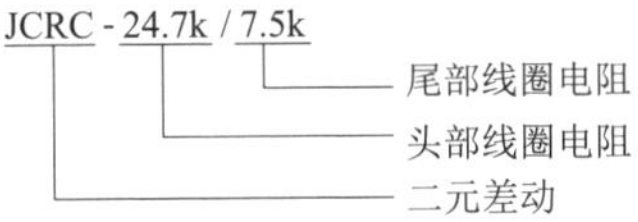

图 3-24　JCRC-24. 7k/7. 5k 型二元差动继电器型号含义

3. 端子定义

JCRC-24. 7k/7. 5k 型二元差动继电器端子代号及用途见表 3-16。

表 3-16　JCRC-24. 7k/7. 5k 型二元差动继电器端子代号及用途说明表

序号	端子代号	用途
1	1	接 GM · Y1 型高压脉冲译码器 21
2	2	接 GM · Y1 型高压脉冲译码器 22
3	3	接 GM · Y1 型高压脉冲译码器 41
4	4	接 GM · Y1 型高压脉冲译码器 42
5	12	静接点
6	11	动接点
7	13	静接点
8	22	静接点
9	21	动接点
10	23	静接点

4. 技术指标

(1)线圈参数见表 3-17。

表 3-17　JCRC-24.7k/7.5k 型二元差动继电器线圈参数

线圈名称	导线直径(mm)	匝数(N)	直流电阻(Ω)
大线圈	0.12	72 000	12 000±10%
中线圈	0.12	20 400	2 300±10%
差动线圈	0.12	8 900	1 470±10%
引导线圈	0.12	3 500	350±10%

(2)机械特性

①接点压力:前接点 250~400 mN,后接点 150~300 mN;

②接点间隙:大于 1.3 mm;

③托片间隙:大于 0.35 mm;

④接点允许不同时接触性不大于 0.2 mm;

⑤接点接触电阻不大与 0.1 Ω;

⑥当继电器插入插座时,包括插簧在内的接点接触电阻不大于 0.15 Ω。

(3)电气指标(表 3-18)

表 3-18　JCRC-24.7k/7.5k 型二元差动继电器电气指标

释放值		工作值		差动值			充磁值	单圈不吸起电压 $V_{头}$
$V_{头}$	$V_{尾}$	$V_{头}$	$V_{尾}$	$V_{尾}$	$V_{头}$ 给定	差动比		
≥$V_{实际工作值}$的 50%	≥$V_{实际工作值}$的 50%	≤27	≤19	≤81/150	27/50	2/1~3/1	100 V	≥300 V

5. 设备安装

本产品放置于室内组合架上。

十、GM·JCD 型高压脉冲电子差动接收器

1. 功能

GM·JCD 型高压脉冲电子差动接收器具有如下功能:

(1)对经译码器处理后的脉冲信号进行分析处理,判断轨道区段的占用、空闲状态;

(2)对设备进行自检，故障时给出报警信息；

(3)通过 CAN 总线向上位机发送本区段占用信息、设备状态信息及报警信息；

(4)显示本区段头部电压、尾部电压、脉冲频率等信息。

2. 型号及含义

高压脉冲电子差动接收器型号含义如图 3-25 所示。

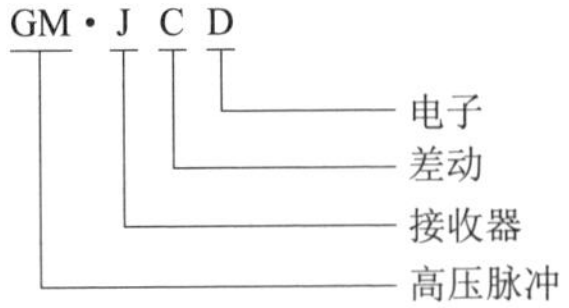

图 3-25 GM・JCD 型号含义

3. 端子定义

GM・JCD 型高压脉冲电子差动接收器端子代号及用途说明见表 3-19。

表 3-19 GM・JCD 型高压脉冲电子差动接收器端子代号及用途说明表

端子号	端子名称	用途说明
1	AC 220 VL	AC 220 VL 电源输入
2	AC 220 VL	
3	PEGND	防雷接地端子
4	PEGND	
5	AC 220 VN	AC 220 VN 电源输入
6	AC 220 VN	
7	GM・WA	A 路尾部电压输入
8	GM・WA	
9	GM・WB	B 路尾部电压输入
10	GM・WB	
11	GM・JC	监测电压输入
12	GM・JC	
13	GM・GND	脉冲电压输入地
14	GM・GND	

续上表

端子号	端子名称	用途说明
15	GM·TB	B路头部电压输入
16	GM·TB	
17	GM·TA	A路头部电压输入
18	GM·TA	
19	FRE－	频率检测输入负
20	FRE＋	频率检测输入正
21	FRE＋	
22	CAN_H	CAN总线高位输出
23	CAN_H	
24	CAN_L	CAN总线低位输出
25	CAN_L	
26	GND1	接收调整地
27	PEGND	防雷接地端子
28	JB12	接收脉冲峰值调整端子JB12
29	JB13	接收脉冲峰值调整端子JB13
30	JFZ/JF	接收脉冲峰值、 接收频率调整公共端
31	J3.5 Hz	3.5 Hz接收频率调整
32	J3.0 Hz	3.0 Hz接收频率调整
33	OUT 24 V0	继电器驱动输出负
34	OUT 24 V0	
35	OUT 24 V＋	继电器驱动输出正

4. 技术指标

(1)电源电压：AC 220 V(176～242 V)，不间断供电；

(2)耗电电流：正常工作时，电流不大于100 mA；

(3)驱动能力：驱动JWXC-1700安全型继电器。

电气指标见表3-20。

表 3-20　电子差动接收器的电气指标

序号	项目	测试指标	指标参数
1	电源电压	AC 220^{+22}_{-44} V	
2	工作值	头部电压	不大于 27 V
		尾部电压	不大于 19 V
3	落下值	头部电压	不小于 20.25 V
		尾部电压	不小于 14.25 V
4	吸起落下时间	吸起：不大于 2.5 s，落下：不大于 1.5 s	
5	差动比	2.5/1～3/1	
6	输出驱动电压	带载 JWXC-1700 继电器	27.5 V≥U≥20 V

5. 设备安装

高压脉冲电子差动接收器安装于 BGM1 型不对称高压脉冲轨道电路接收端机箱内。

十一、GM1 · XJJ1 型高压脉冲接收端机箱

1. 功能

用于装设 GM · Y2 型高压脉冲译码器和 GM · JCD 型高压脉冲电子差动接收器，能容纳 5 个 GM · Y2 型高压脉冲译码器和 10 个 GM · JCD 型高压脉冲电子差动接收器，如图 3-26 所示。

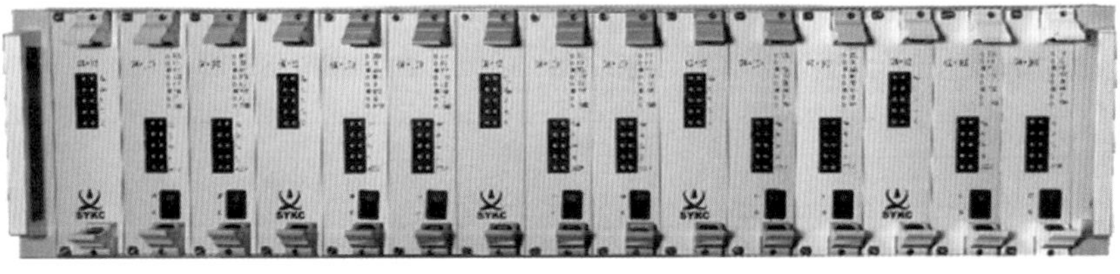

图 3-26　GM · XJJ1 型高压脉冲接收端机箱

BGM1 · XJJ1 型高压脉冲接收端机箱安装在机柜。

2. 型号及含义

高压脉冲接收端机箱型号含义如图 3-27 所示。

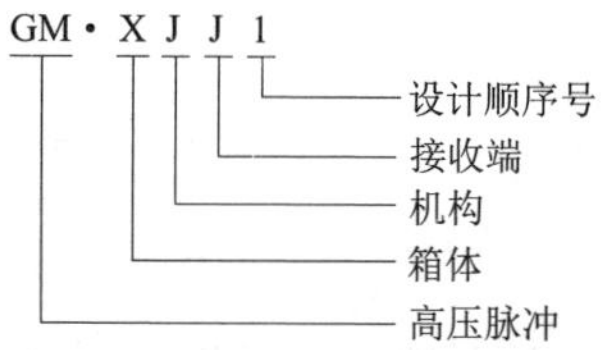

图 3-27　GM · XJJ1 型号含义

3. 端子定义

GM · XJJ1 型高压脉冲接收端机箱端子代号及用途说明见表 3-21。

表 3-21　GM · XJJ1 型高压脉冲接收端机箱端子代号及用途说明表

端子号	端子号	端子名称	用途说明
CON1	1	GM · GND	脉冲电压输出地
	2	GM · JC	监测电压输出
	3	GM · WA	尾部电压输出
	4	GM · TA	头部电压输出
	5	PEGND	防雷接地端子
	6		
	7	AC 220 VN	AC 220 VN 电源输入
	8		
	9	AC 220 VL	AC 220 VL 电源输入
	10		
CON2	1	OUT 24 V+	继电器驱动输出正
	2		
	3	OUT 24 V0	继电器驱动输出负
	4		
	5	INSig2	脉冲信号输入端 2
	6		
	7	INSig3	脉冲信号输入端 3
	8		
	9	INSig1	脉冲信号输入端 1
	10		

续上表

端子号	端子号	端子名称	用途说明
CON3	1	JF	接收频率调整公共端
	2	3.5 Hz	3.5 Hz 接收频率调整
	3	3.0 Hz	3.0 Hz 接收频率调整
	4	JV	接收脉冲峰值调整公共端
	5	B13	接收脉冲峰值调整端子 JB12
	6	B12	接收脉冲峰值调整端子 JB13
	7	43	尾部电压调整公共端
	8	11	尾部电压调整,43-11 输出头尾电压比例为 1∶4
	9	12	尾部电压调整,43-12 输出头尾电压比例为 1∶5
	10	33	尾部电压调整,43-33 输出头尾电压比例为 1∶6
	11	31	尾部电压调整,43-31 输出头尾电压比例为 1∶7
	12	32	尾部电压调整,43-32 输出头尾电压比例为 1∶8
	13	9	模拟电缆调整端 9
	14	8	模拟电缆调整端 8
	15	7	模拟电缆调整端 7
	16	6	模拟电缆调整端 6
	17	5	模拟电缆调整端 5
	18	4	模拟电缆调整端 4
	19	3	模拟电缆调整端 3
	20	2	模拟电缆调整端 2
	21	1	模拟电缆调整端 1
CAN1	1	NC	空
	2	CAN_L	CAN 总线低位输出
	3	CAN_GND	CAN 总线地
	4	NC	空
	5	NC	空

续上表

端子号	端子号	端子名称	用途说明
CAN1	6	NC	空
	7	CAN_H	CAN 总线高位输出
	8	NC	空
	9	NC	空
CAN2	1	NC	空
	2	CAN_L	CAN 总线低位输出
	3	CAN_GND	CAN 总线地
	4	NC	空
	5	NC	空
	6	NC	空
	7	CAN_H	CAN 总线高位输出
	8	NC	空
	9	NC	空

十二、GM·$HPG_{1(2)}$-ZD(/N)系列高压脉冲隔离匹配盒

1. 功能

用于不对称高压脉冲轨道电路叠加 ZPW-2000 电码化区段，其作用是通过 ZPW-2000 信号，隔离高压脉冲信号。

2. 型号及含义

GM·HPG_1-ZD 用于开环室外；

GM·HPG_2-ZD 用于闭环室外；

GM·HPG_1-ZD/N 用于开环室内；

GM·HPG_2-ZD/N 用于闭环室内；

GM·$HPG_{1(2)}$-ZD(/N)系列高压脉冲隔离匹配盒命名规则如图 3-28 所示。

3. 端子定义

GM·$HPG_{1(2)}$-ZD/(N)系列高压脉冲隔离匹配盒端子及外形示意如图 3-29、图 3-30 所示。

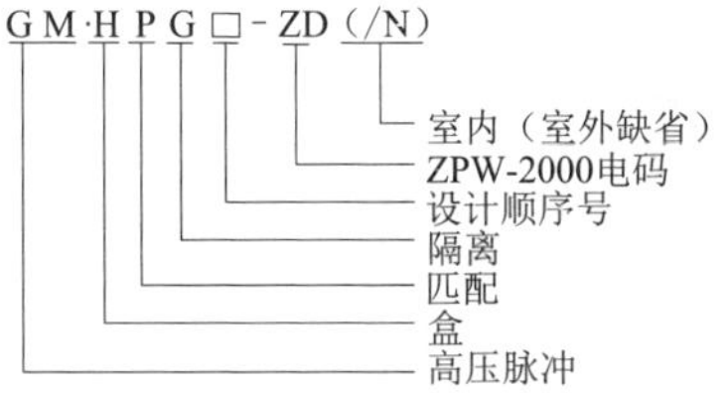

图 3-28　GM·$HPG_{1(2)}$-ZD(/N)系列高压脉冲隔离匹配盒命名规则

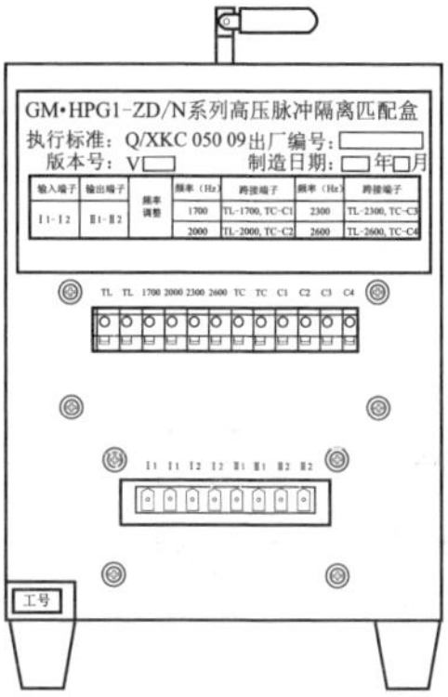

图 3-29　GM·$HPG_{1(2)}$-ZD/N 系列高压脉冲隔离匹配盒外形示意图

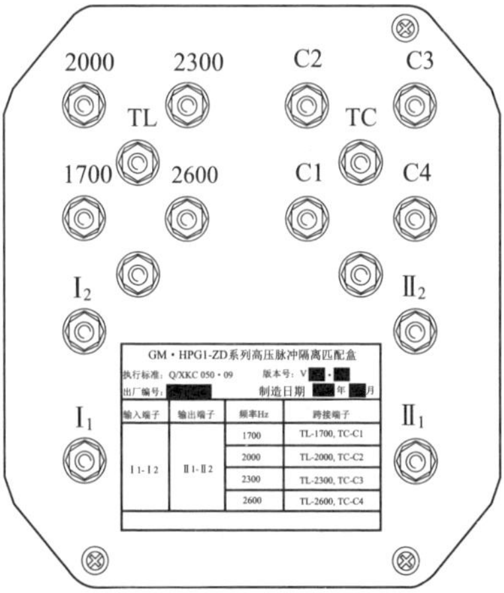

图 3-30　GM·$HPG_{1(2)}$-ZD 系列高压脉冲隔离匹配盒外形示意图

GM·$HPG_{1(2)}$-ZD(/N)系列高压脉冲隔离匹配盒端子代号及用途说明见表 3-22。

表 3-22　GM·$HPG_{1(2)}$-ZD(/N)系列高压脉冲隔离匹配盒端子代号及用途说明表

序号	端子代号	用途
1	I_1	电码化输入
2	I_2	电码化输入

续上表

序号	端子代号	用途
3	Ⅱ1	电码化输出
4	Ⅱ2	电码化输出
5	TL	频率选择公共端子
6	1700	载频 1 700 Hz 时接
7	2000	载频 2 000 Hz 时接
8	2300	载频 2 300 Hz 时接
9	2600	载频 2 600 Hz 时接
10	TC	电容选择公共端子
11	C1	载频 1 700 Hz 时接
12	C2	载频 2 000 Hz 时接
13	C3	载频 2 300 Hz 时接
14	C4	载频 2 600 Hz 时接

4. 技术指标

(1)电气指标(表 3-23)

表 3-23　GM·$HPG_{1(2)}$-ZD(/N)系列高压脉冲隔离匹配盒电气指标

型号	测试项目	性能指标	备注
GM·HPG_1-ZD(/N)	1 700 Hz 指标	Ⅰ次输入 1 700 Hz,30 V±0.5 V 时,Ⅱ次侧电压大于 4 V	跨接:TL-1700,TC-C1,TC 与Ⅱ1端子之间串联 6.6 Ω 电阻
	2 000 Hz 指标	Ⅰ次输入 2 000 Hz,30 V±0.5 V 时,Ⅱ次侧电压大于 4 V	跨接:TL-2000,TC-C2,TC 与Ⅱ1端子之间串联 6.6 Ω 电阻
	2 300 Hz 指标	Ⅰ次输入 2 300 Hz,30 V±0.5 V 时,Ⅱ次侧电压大于 4 V	跨接:TL-2300,TC-C3,TC 与Ⅱ1端子之间串联 6.6 Ω 电阻
	2 600 Hz 指标	Ⅰ次输入 2 600 Hz,30 V±0.5 V 时,Ⅱ次侧电压大于 4 V	跨接:TL-2600,TC-C4,TC 与Ⅱ1端子之间串联 6.6 Ω 电阻

续上表

型号	测试项目	性能指标	备注
GM·HPG_2-ZD(/N)	1700/2000	Ⅰ次输入 1 700 Hz 或者 2 000 Hz，30 V±0.5 V 时，Ⅱ次侧电压大于 4 V	跨接：TL-1700 和 2000，TC-C1和 C2，TC 与 $Ⅱ_1$端子之间串联 6.6 Ω 电阻
	2300/2600	Ⅰ次输入 2 300 Hz 或者 2 600 Hz，30 V±0.5 V 时，Ⅱ次侧电压大于 4 V	跨接：TL-2300 和 2600，TC-C3 和 C4，TC 与 $Ⅱ_1$端子之间串联 6.6 Ω 电阻
GM·$HPG_{1(2)}$-ZD(/N)	$Ⅱ_2$-TC 间电容值	1 μF	偏差值均不能大于电容值的±5%
	$Ⅱ_2$-C1 间电容值	1 μF	
	$Ⅱ_2$-C2 间电容值	0.5 μF	
	$Ⅱ_2$-C3 间电容值	0.3 μF	
	各端子对地绝缘电阻	≥100 MΩ	

(2)电气原理(图 3-31，图 3-32)

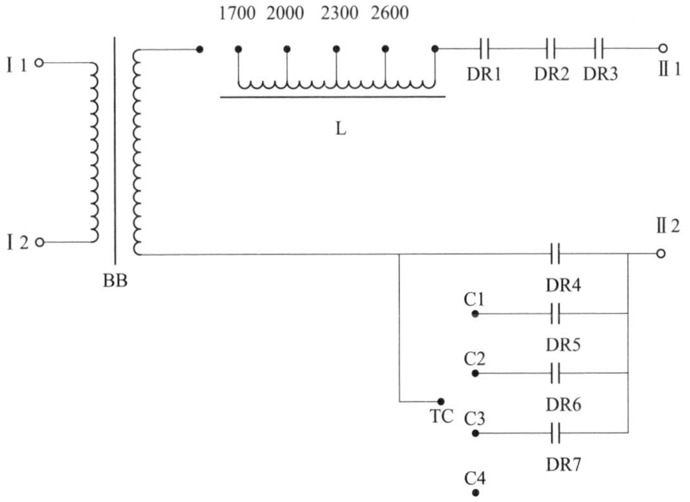

图 3-31 GM·HPG_1-ZD(/N)系列高压脉冲隔离匹配电气原理

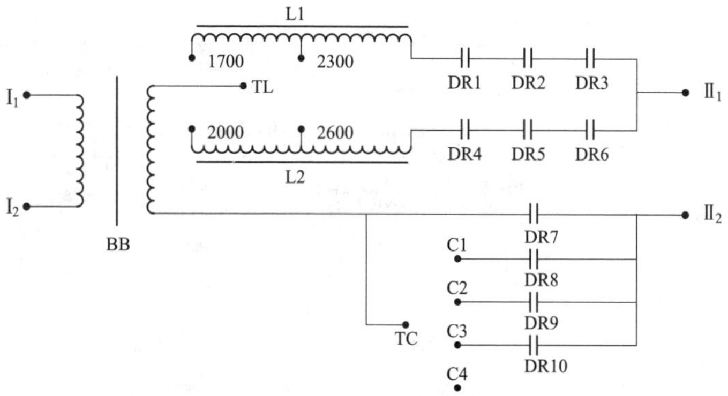

图 3-32　GM·HPG_2-ZD(/N)系列高压脉冲隔离匹配电气原理

5. 设备安装

GM·$HPG_{1(2)}$-ZD 安装在室外 XB 箱盒内,GM·$HPG_{1(2)}$-ZD/N 放置在室内综合托架上,每层综合托架可放置 5 台。

十三、高压脉冲抑制器

1. GM·QY1 型

(1)功能

用于不对称高压脉冲轨道电路叠加 ZPW-2000 电码化区段,串联在轨道电路接收端之前,用于抑制 ZPW-2000 系列电码化信号对不对称高压脉冲轨道电路接收端的影响。

(2)型号及含义

GM·QY1 型高压脉冲抑制器型号含义如图 3-33 所示。

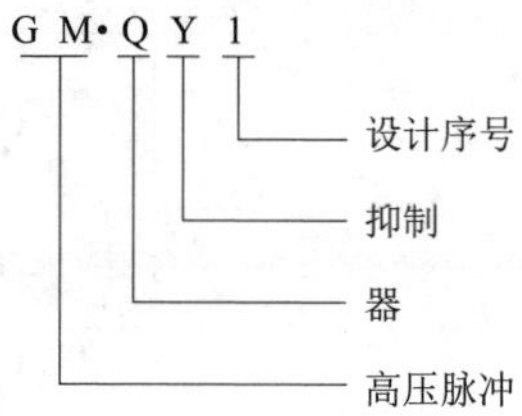

图 3-33　GM·QY1 型高压脉冲抑制器型号含义

(3)端子定义

GM·QY1 型高压脉冲抑制器端子及外形示意如图 3-34 所示。

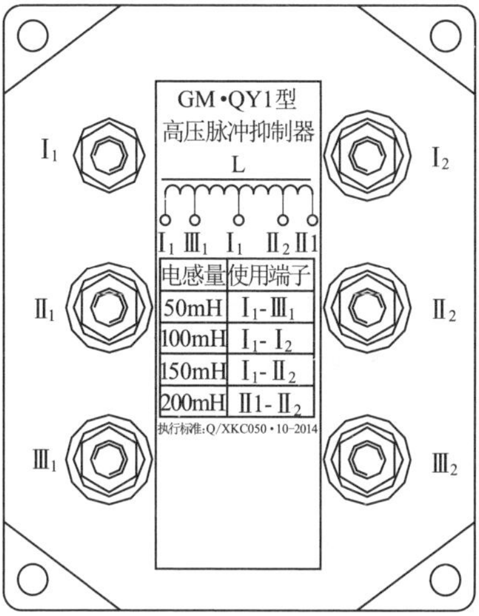

图 3-34　GM・QY1 型高压脉冲抑制器端子及外形示意图

GM・QY1 型高压脉冲抑制器端子代号及用途说明见表 3-24。

表 3-24　GM・QY1 型高压脉冲抑制器端子代号及用途说明表

序号	电感量(mH)	连接端子
1	50	I_1-III_1
2	100	I_1-I_2
3	150	I_1-II_2
4	200	II_1-II_2

(4)电气指标(表 3-25)

表 3-25　GM・QY1 型高压脉冲抑制器电气指标

测试条件	测试内容	技术指标(V)
各测试项目两端子间分别输入 640 mA/50 Hz 电流,测试相应两端子之间电压	V(I_1-III_1)	9～11
	V(I_1-I_2)	18～22
	V(I_1-II_2)	27～33
	V(II_1-II_2)	36～44

(5)电气原理(图 3-35)

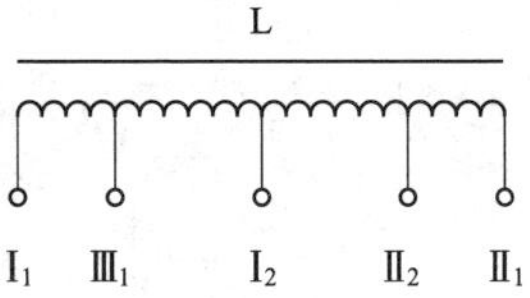

图 3-35　GM·QY1 型高压脉冲抑制器电气原理图

(6)设备安装

本产品需放置在室内综合托架上,引出螺栓为 M6。

2. GM·QY2 型

(1)功能

用于不对称高压脉冲轨道电路叠加国产移频电码化区段的高压脉冲区段,串联在轨道电路接收端之前,用于抑制国产电码化信号对不对称高压脉冲轨道电路接收端的影响。

(2)型号及含义

GM·QY2 型高压脉冲抑制器型号含义如图 3-36 所示。

(3)端子定义

GM·QY2 型高压脉冲抑制器端子及外形示意如图 3-37 所示。

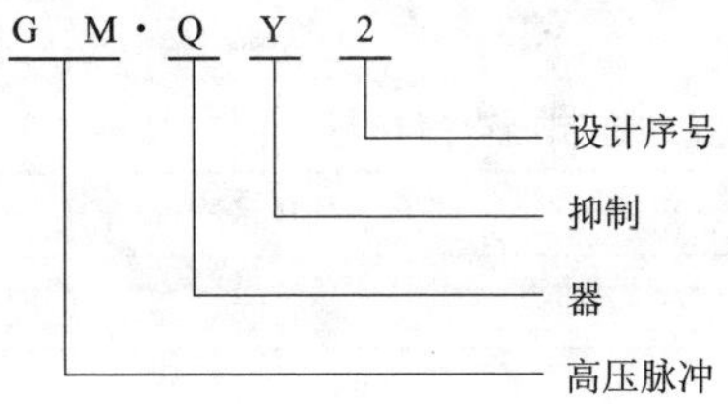

图 3-36　GM·QY2 型高压脉冲抑制器型号含义

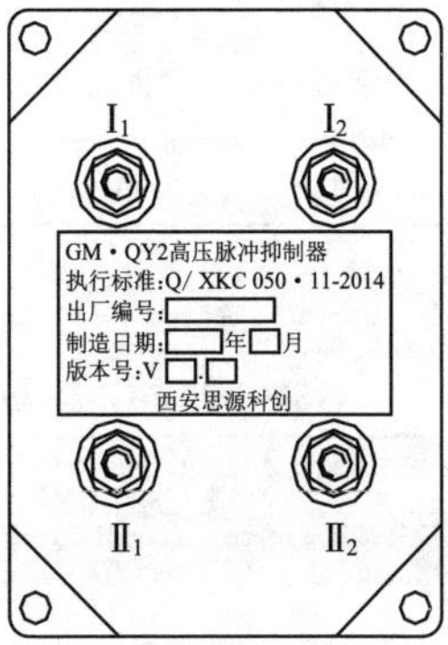

图 3-37　GM·QY2 型高压脉冲抑制器端子及外形示意图

GM·QY2 型高压脉冲抑制器端子代号及用途说明见表 3-26。

表 3-26　GM·QY2 型高压脉冲抑制器端子代号及用途说明表

序号	端子代号	用途
1	I_1	连接轨道侧
2	I_2	连接继电器侧
3	II_1	载频 650 Hz 时 I_2-II_1
4	II_2	载频 750 Hz 时 I_2-II_2

(4)电气指标(表 3-27)

表 3-27　GM·QY2 型高压脉冲抑制器电气指标

测试内容	技术指标	备注/测试条件
I_1-I_2电流	≤40 mA	I_1-I_2之间分别输入 650 Hz,750 Hz,20 V,I_2对应跨接II_1、II_2
电容测试	(3.00±0.09) μF	I_1-II_1
	(2.25±0.067 5) μF	I_1-II_2

(5)电气原理(图 3-38)

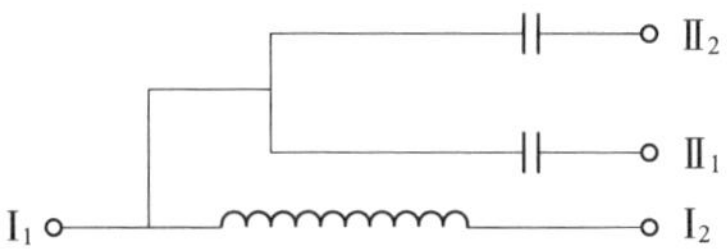

图 3-38　GM·QY2 型高压脉冲抑制器电气原理图

(6)设备安装

本设备需放置在综合托架上,引出螺栓为 M6。

十四、GM·HG 型高压脉冲隔离盒

1. 功能

用于不对称高压脉冲轨道电路叠加国产移频电码化区段,其作用是隔离高压脉冲信号,保护国产移频发送设备。

2. 型号及含义

GM·HG型高压脉冲隔离盒型号含义如图3-39所示。

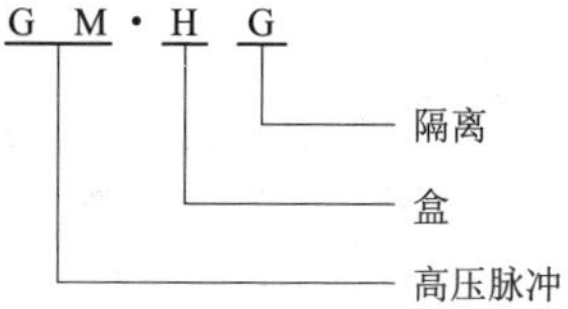

图3-39　GM·HG型高压脉冲隔离盒型号含义

3. 端子定义

GM·HG型高压脉冲隔离盒端子及外形示意如图3-40所示。

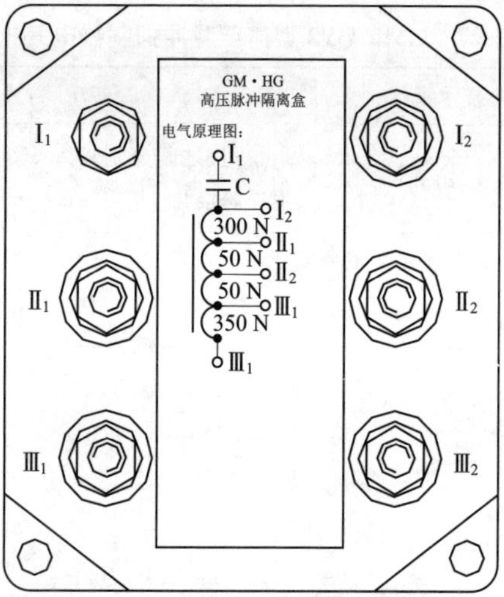

图3-40　GM·HG型高压脉冲隔离盒端子及外形示意图

GM·HG型高压脉冲隔离盒端子代号及用途说明见表3-28。

表3-28　GM·HG型高压脉冲隔离盒端子代号及用途说明表

序号	匝数(*N*)	用途
1	300	$Ⅰ_1$、$Ⅱ_1$
2	350	$Ⅰ_1$、$Ⅱ_2$
3	400	$Ⅰ_1$、$Ⅲ_1$
4	750	$Ⅰ_1$、$Ⅲ_2$

4. 电气指标(表 3-29)

表 3-29　GM·HG 高压脉冲隔离盒电气指标

测试内容	预期指标
隔离盒端子 I_2-III_2 之间输入 50 Hz 电流，当输入电流为 100 mA 时，测试 I_2 和 III_2 两端子电压之间电压，其值 U 应满足	26.39 V $\geqslant U \geqslant$ 23.88 V；同时应满足 $U(\text{I}_2\text{-III}_2) > U(\text{I}_2\text{-III}_1) > U(\text{I}_2\text{-II}_2) > U(\text{I}_2\text{-II}_1)$
电容端子 I_1-I_2 之间容量	(0.33±5%)μF

5. 电气原理(图 3-41)

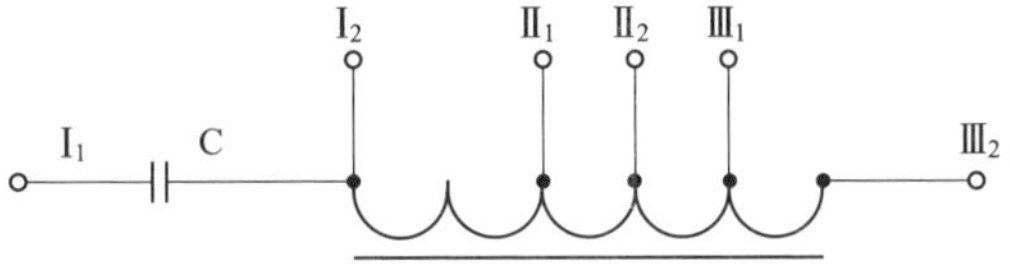

图 3-41　GM·HG 高压脉冲隔离盒电气原理

6. 设备安装

本产品需放置在机械室内组合托架上，引出螺栓为 M6。

十五、GM·BMT 高压脉冲电码化调整变压器

1. 功能

用于高压脉冲轨道电路叠加国产移频区段，其作用匹配国产移频信号，调整电码化入口电流。

2. 型号及含义

GM·BMT 高压脉冲电码化调整变压器型号含义如图 3-42 所示。

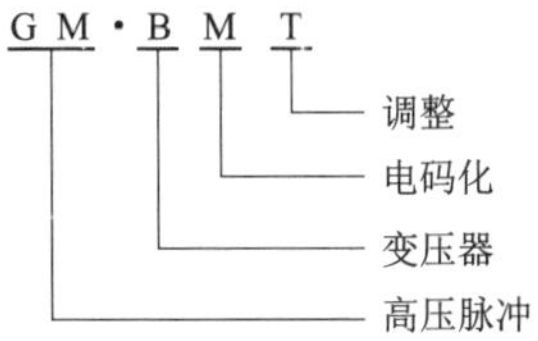

图 3-42　GM·BMT 高压脉冲电码化调整变压器型号含义

3. 端子定义

GM·BMT高压脉冲电码化调整变压器端子及外形示意如图3-43所示。

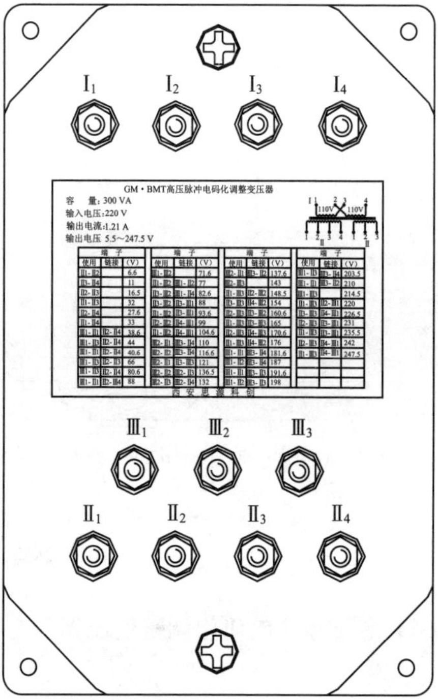

图3-43　GM·BMT高压脉冲电码化调整变压器端子及外形示意图

4. 电气指标(表3-30)。

表3-30　GM·BMT高压脉冲电码化调整变压器电气指标

额定容量(VA)	额定频率(Hz)	一次线圈		二次线圈	
		额定电压(V)	空载电流(A)	额定电压(V)	额定电流(A)
300	50	220	≤0.15	5.5、16.5、11、71.5、143、247.5	1.21

5. 设备安装

本设备需放置在室内综合托架上，引出螺栓为 M6。

十六、GM·Z 系列高压脉冲电抗器

1. 功能

适用于电气化高压脉冲轨道电路区段，其作用是传输牵引电流并在解决高压脉冲轨道电路存在迂回回路的情况下，解决设备与钢轨之间引接线的断线防护问题。

2. 型号及含义

GM·Z 系列高压脉冲电抗器型号含义如图 3-44 所示。

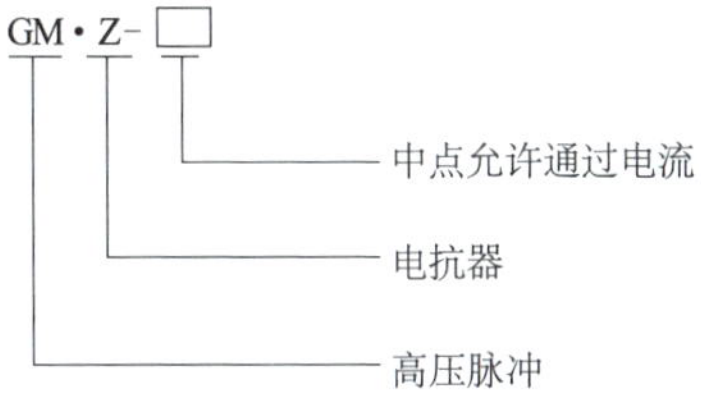

图 3-44　GM·Z 系列高压脉冲电抗器型号含义

3. 端子定义

GM·Z 系列高压脉冲电抗器外形示意如图 3-45 所示。

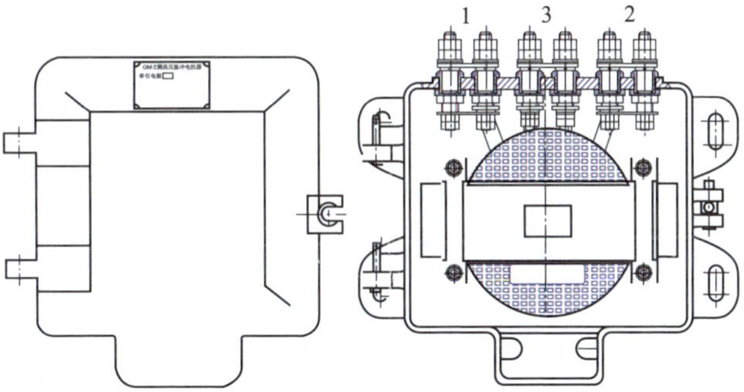

图 3-45　GM·Z 系列高压脉冲电抗器外形示意图

GM·Z 系列高压脉冲电抗器端子代号及用途说明见表 3-31。

表 3-31　GM·Z 系列高压脉冲电抗器端子代号及用途说明表

序号	端子代号	用途	备注
1	1	接轨道	牵引螺栓
2	3	接中心连接铁板	牵引螺栓
3	2	接轨道	牵引螺栓

4. 电气指标(表 3-32)

表 3-32　GM·Z 系列(GM·Z-800/1000)**高压脉冲电抗器电气指标**

项　目		电气指标
高压脉冲电抗器的 50 Hz 阻抗	1-2 端子之间加 10 V/50 Hz 电压,阻抗值	≥9 Ω
不平衡度		<0.5%
在标准大气压下,各端子对地的绝缘电阻		≥100 MΩ
绝缘耐压	在大气压力 89.8 kPa(海拔高度不超过 1 000 m)时,变压器能承受 1 min 的交流 50 Hz、2 000 V 正弦波	无击穿或闪络现象

5. 电气原理(图 3-46)

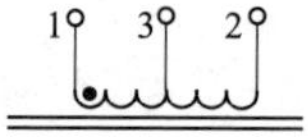

图 3-46　GM·Z 系列高压脉冲扼流变压器原理图

6. 设备安装

设备放置在室外,牵引螺栓连接钢轨连接线。

十七、RCH-1 型高压脉冲阻容盒

1. 功能

用于不对称高压脉冲轨道电路的接收端,与复示继电器构成延时回路。

2. 型号及含义

RCH-1 型高压脉冲阻容盒型号含义如图 3-47 所示。

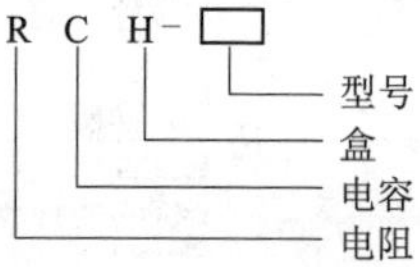

图 3-47　RCH-1 型高压脉冲阻容盒型号含义

3. 端子定义

RCH-1 型高压脉冲阻容盒端子及外形示意如图 3-48 所示。

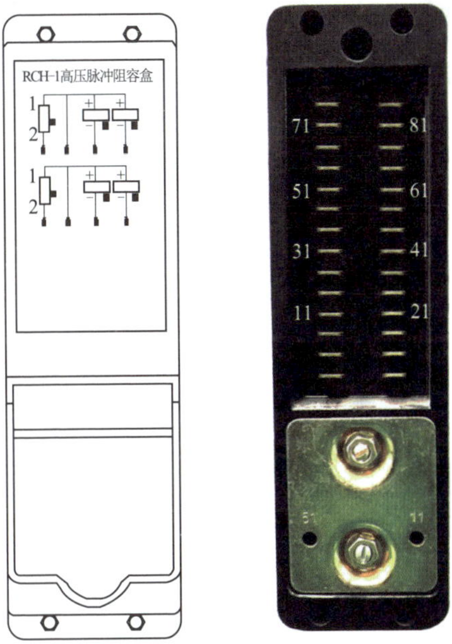

图 3-48　RCH-1 型高压脉冲阻容盒端子及外形示意图

RCH-1 型高压脉冲阻容盒端子代号及用途说明见表 3-33。

表 3-33　RCH-1 型高压脉冲阻容盒端子代号及用途说明表

序号	端子代号	用途	备注
1	31	电阻端子	31～11 对应电阻阻值 260 Ω
2	11	电阻电容公共端子	
3	51	电容端子	51～11 对应电容容值 510 μF
4	71	电容端子	71～11 对应电容容值 560 μF
5	41	电阻端子	41～21 对应电阻阻值 260 Ω
6	21	电阻电容公共端子	
7	61	电容端子	61～21 对应电容容值 510 μF
8	81	电容端子	81～21 对应电容容值 560 μF

4. 电气指标(表 3-34)

表 3-34　RCH-1 型高压脉冲阻容盒电气指标

型号	电容规格(μF/V)	电容误差（%）	电阻规格（Ω/W）	电阻误差（%）
RCH-1	C1、C3：510/50	−5～+10	R1、R2：260/20	±5
	C2、C4：560/50			

(2)电气原理(图 3-49)

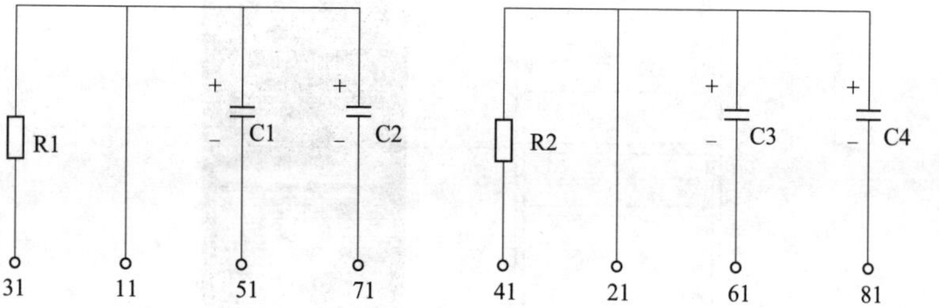

图 3-49　RCH-1 型高压脉冲阻容盒原理图

5. 设备安装

阻容盒外形结构同安全型继电器,安装在室内组合架组合条上。

第三节　工程设计

一、极性交叉

站内所有相邻的轨道区段,均应按极性交叉的原则设计。但对非正线上,处于双送的相邻两区段,无条件实行极性交叉时,允许不作极性交叉。

二、补偿电容设置

在叠加电码化区段,根据通道参数并兼顾低道床电阻道床传输,选择电容器容量,使 ZPW-2000(UM)系列电码化传输通道趋于阻性,保证 ZPW-2000 系列电码化具有良好的传输性能,同时尽可能降低对原有站内轨道电路的影响。

1. 补偿电容设置原则

当电码化轨道电路长度超过 300 m 时，须设置电容补偿。

2. 载频选择

ZPW-2000（UM）系列 1 700 Hz、2 000 Hz、2 300 Hz、2 600 Hz 四种频率均采用 33 μF。

3. 设置方法

补偿电容的安装方法是按照等间距进行补偿电容的设置，其数量的具体计算方法如下：

$$\sum = N + A$$

式中 N——百米位数；

A——个位、拾位数为 0 时为 0；个位、拾位数不为 0 时为 1。

等间距的计算方法如下：

$$\Delta = \frac{L(\text{轨道电路长度})}{\sum(\text{电容个数})}$$

式中 Δ——表示等间距长度，轨道电路两端与第一个电容距离为 $\Delta/2$。

补偿电容的安装允许误差±0.5 m。当遇有道岔区段不易安装时，在保证入口电流要求的前提下，可适当移动安装位置。

三、电码化设置要求

1. 预叠加电码化区段高压脉冲相邻其他制式轨道电路时，由于高压脉冲轨道继电器缓落 1～1.5 s，缓吸 2～2.5 s，相邻区段轨道电路和电码化的复示继电器应做相应缓吸不缓落延时处理。

2. 与高压脉冲叠加 ZPW-2000 系列电码化相邻或与 ZPW-2000 系列轨道电路相邻的高压脉冲不发码区段的受端，应增设高压脉冲抑制器 GM·QY1，叠加国产移频电码化或国产移频轨道电路，增加高压脉冲抑制器 GM·QY2。

3. 高压脉冲叠加 ZPW-2000 系列电码化，电码化条件应取自二元差动继电器或者没有缓动功能的第一级复示继电器。联锁是否检查电码化条件，依据站场具体情况确定。

四、电　缆

1. 对送、受电端电缆类型无特殊要求，仅在移频电码化区段，发送传输移频机车信号信息的电缆应满足传输移频信息的要求。

2. 当轨道电路采用集中设置时，站内轨道电路区段长度800～900 m，从分线柜至送端变压器电缆长度不大于0.5 km；轨道电路区段长度不大于800 m，从分线柜至送端变压器电缆长度不大于1 km；受端电缆长度不大于1 km。每超过0.5 km或者1 km增加一对电缆。

3. 当轨道电路采用分散设置时，从机械室向外送至现场的电源电压允许最大压降为30 V，计算电缆总线时，每台发码器按0.35 A计算。受端电缆长度不大于1 km。每超过1 km增加一对电缆。

4. 送至室外的送、受电端电缆芯线，应分缆使用。

5. 脉冲发送端限流电阻和电缆环阻之和不得小于10 Ω。

6. 电码化宜采用四线制的原则，可根据地区气候条件不同发码器可设计分散安装或集中安装。

五、电　源

1. 高压脉冲轨道电路使用工频220 V电源，每个发码器功耗为60 VA(功率因数0.8)。

2. 电源为25 Hz

(1)采用电子模块供电时，每个模块不超过10个区段，每个区段按照0.55 A计算，每一分路总容量不超过额定容量的0.95倍；

(2)采用铁磁稳压供电时，每个区段按0.35 A计算，每一分路总容量不超过额定容量的0.95倍。

3. 电源为50 Hz

无区段数量限制，每个区段按0.35 A计算，每一分路总容量不超过额定容量的0.95倍。

4. 电源的选择

(1)旧站改造的区段数量较多或者是新建站采用高压脉冲轨道电路时，建议采用50 Hz模块供电。

50 Hz模块供电优点：电源模块供电没有区段数量限制，可以最大限度地节省电源屏成本；且50 Hz的高压脉冲发码器具有稳压作用。

(2)改造区段数量较少时，直接利用原有 25 Hz 模块进行供电，以降低改造成本。

六、系统防雷

1. 发码器室外分散安装时，送端室内防雷采用纵横全模防护，最大持续工作电压 AC 220 V(U_C)，基础限制电压 U_B≤1 000 V，标称冲击通流容量为 10 kA；室外高压脉冲发码电源变压器前端设置纵横全模防护，最大持续工作电压 AC 275 V(U_C)，电压保护水平 1 500 V(U_P)，基础限制电压 U_B≤1 000 V，标称冲击通流容量为 20 kA；受端室内采用横向防护，标称及最大持续运行电压 380 V(峰值电压不小于 800 V)，基础限制电压 U_B≤1 500 V，标称冲击通流容量为 10 kA。

2. 发码器室内集中安装时，室内送端采用纵横全模防护，标称及最大持续运行电压 380 V(峰值电压不小于 800 V)，基础限制电压 U_B≤1 500 V，标称冲击通流容量：10 kA；室内受端采用横向防护，标称及最大持续运行电压 380 V(峰值电压不小于 800 V)，基础限制电压 U_B≤1 500 V，标称冲击通流容量：10 kA。

3. 防雷单元室外安装在轨道变压器箱端子条上。室内安装在分线防雷柜组合上。

BGM 型不对称高压脉冲轨道电路所用防雷单元见表 3-35。

表 3-35 BGM 型不对称高压脉冲轨道电路所用防雷单元

防雷单元名称	型号	安装位置		防护方式	最大持续工作电压(U_C)(V)	峰值电压	基础限制电压(U_B)(V)	标称冲击通流容量(kA)	电压保护水平(U_P)(V)
		分散式	集中式						
Z1	HTDY-220/20	送端室外		纵横全模	AC 275		≤1 000	20	1 500
Z2	ZFTW-Ⅵ/WB-J-Q	送端室内		纵横全模	AC 220		≤1 000	10	
Z3	ZFTW-Ⅶ/WB-J-Q		送端室内	纵横全模	380	≥800	≤1 500	10	
Z4	ZFTW-Ⅶ/WB-J-H	受端室内	受端室内	横向	380	≥800	≤1 500	10	

七、机柜布置图

1. 机柜设计示意图

不对称高压脉冲轨道电路机柜设计示意如图 3-50 所示，共计七种组合，含组合器材安装方式及数量。

GM

层号 \ 组合类型 \ 零层														
零层		D1	D2	D3	D4	D5	D6	D7	D8	D9	D10	D11	D12	D13
		4柱端子板	4柱端子板	RD1 RD2	RD3 RD4									3*18柱端子板
10	GM-GJF	1 JWXC-1700	2 JWXC-1700	3 JWXC-1700	4 JWXC-1700	5 JWXC-1700	6 JWXC-1700	7 JWXC-1700	8 JWXC-1700					
9	GM-GJ	0-1 RC(1,2) RCH-1	0-2 RC(3,4) RCH-1	1 JWXC-1700	2 JWXC-1700	3 JWXC-1700	4 JWXC-1700	5 JWXC-1700	6 JWXC-1700	7 JWXC-1700	8 JWXC-1700	0-3 RC(1,2) RCH-1	0-4 RC(3,4) RCH-1	
8	GM-JS	1 JCRC-24.7k/7.5k	2 GM • Y1	3 JCRC-24.7k/7.5k	4 GM • Y1	5 JCRC-24.7k/7.5k	6 GM • Y1	7 JCRC-24.7k/7.5k	8 GM • Y1					
7	GC	1	2	3	4	5	6	7	8	9	10	11	12	
		13	14	15	16	17	18	19	20	21	22	23	24	
5	GM-YZ	1 GM • QY1	3 GM • QY1	5 GM • QY1	7 GM • QY1	9 GM • QY1								
		2 GM • QY1	4 GM • QY1	6 GM • QY1	8 GM • QY1	10 GM • QY1								
3	GM-GL	1 GM • HPG_1-ZD/N	2 GM • HPG_1-ZD/N	3 GM • HPG_1-ZD/N	4 GM • HPG_1-ZD/N	5 GM • HPG_1-ZD/N								
1	GM-FS	1 GM • F2-50	2 GM • F2-50	3 GM • F2-50	4 GM • F2-50									

图 3-50 机柜设计示意图

第四节　设备及系统调试

一、设备调试

1. 分散式发码部分单项调整

(1)器材连线

按图 3-51 所示连接分散式不对称高压脉冲轨道电路发码部分的 3 种器材。

①高压脉冲发码电源变压器 I_1、I_4端子输入 50 Hz(25 Hz)、(220±5%)V 电压;

②高压脉冲发码电源变压器 III_1、III_2端子分别与高压脉冲发码盒的 4、5 端子连接;

③高压脉冲发码电源变压器 II_1、II_K端子与高压脉冲发码盒的 1、3 端子连接;

④高压脉冲调整电阻的 0 Ω 端子与高压脉冲发码盒的 10 端子连接,根据需要接入的电阻值(GM·RT-30 接入的电阻不得小于 10 Ω),确定另外一个电阻端子,并与高压脉冲发码盒的 8 端子连接;

⑤高压脉冲发码盒的 6、8 端子连接 $\mathrm{BE}_{1(2)}$-M2 扼流变压器(电气化区段)或者连接 GM·BG1-80 轨道变压器(非电气化区段)。

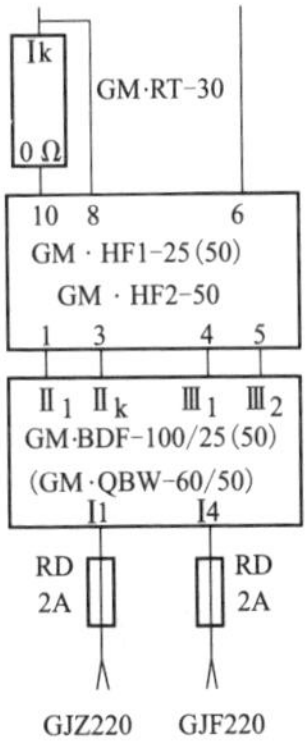

图 3-51　分散式不对称高压脉冲轨道电路发码部分示意图

注：根据供电电源的类型确定高压脉冲发码电源变压器以及发码盒的种类。

(2)发码部分的输出脉冲峰值电压调整

①升高输出脉冲峰值电压(禁止带电调整)

a. 增大高压脉冲发码电源变压器的输出电压。

b. 减小接入的 GM · RT-30 电阻(不得小于 10 Ω)。

②降低输出脉冲峰值电压(禁止带电调整)

a. 减小高压脉冲发码电源变压器的输出电压。

b. 增大接入的 GM · RT-30 电阻。

注：优先调整高压脉冲发码电源变压器输出电压，再调整电阻。

2. 集中式发码部分单项调整

(1)器材连线

按图 3-52 所示连接集中式不对称高压脉冲轨道电路发码部分。

①高压脉冲发码器Ⅰ1,Ⅰ2 端子输入 50 Hz(25 Hz)、(220±11) V 电压；

②高压脉冲发码器Ⅰ4,Ⅰ7 端子输出端子连接 $BE_{1(2)}$-M2 扼流变压器(电气化区段)或者 GM · BG1-80 轨道变压器(非电气化区段)。

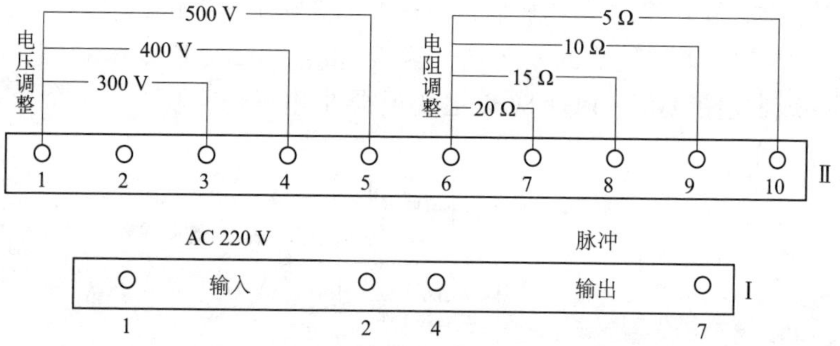

图 3-52　集中式不对称高压脉冲轨道电路发码器调整端子示意图

(2)发码器的输出脉冲峰值电压调整

①升高输出脉冲峰值电压(禁止带电调整)

a. 增大高压脉冲发码器的输出电压。

b. 减小接入的电阻(与电缆环阻之和不得小于 10 Ω)。

②降低输出脉冲峰值电压(禁止带电调整)

a. 减小高压脉冲发码器的输出电压。

b. 增大接入的电阻(与电缆环阻之和不得小于 10 Ω)。

注:优先调整高压脉冲发码器输出电压,再调整电阻。

3. $BE_{1(2)}$-M2 扼流变压器调整

(1)器材连线

按图 3-14、图 3-15 所示连接 $BE_{1(2)}$-M2 扼流变压器。

①$BE_{1(2)}$-M2 扼流变压器外部牵引螺栓端子 1、2 接钢轨引接线;

②$BE_{1(2)}$-M2 扼流变压器内部的 D1、D2 空端子转接信号电缆,D1、D2 再按调整表接信号线圈;

③$BE_{1(2)}$-M2 扼流变压器内部调谐器 1 端子连 5 A 断路器后接信号线圈,调谐器 3 端子接信号圈,调谐器 1、3 端子按调整表与信号线圈连接。

(2)$BE_{1(2)}$-M2 扼流变压器调谐器与轨道信号电压变比调整

①调谐器调整

增大调谐器变比可提高扼流变压器抗不平衡牵引电流的能力。

注:初始推荐使用 6.5∶1 变比。调整方法见表 3-31。

②变压器调整

a. 减小变压器变比可提高分路能力。

b. 减小变压器变比可降低受端二元差动继电器电压。

c. 增大变压器变比可提高受端二元差动继电器电压。

注:初始推荐使用 6.5∶1 变比。调整方法见表 3-36。

表 3-36　$BE_{1(2)}$-M2 扼流变压器调谐器与轨道信号电压变比调整表

信号线圈匝数	N=信号线圈匝数/16	跨线端子	接线端子	信号线圈匝数	N=信号线圈匝数/16	跨线端子	接线端子
56	3.5∶1	无	10,13	48	3∶1	无	6,9
72	4.5∶1	无	9,13	64	4∶1	无	6,10
88	5.5∶1	无	8,13	80	5∶1	无	6,11
104	6.5∶1	无	7,13	96	6∶1	无	6,12
120	7.5∶1	无	6,13	112	7∶1	5,6	4,10
136	8.5∶1	5,8	4,13	128	8∶1	5,6	4,11
152	9.5∶1	5,7	4,13	144	9∶1	5,6	4,12
168	10.5∶1	5,6	4,13				

4. GM·BG1-80 轨道变压器调整

(1)器材连线

①GM·BG1-80 轨道变压器Ⅰ次侧端子连接信号电缆；

②GM·BG1-80 轨道变压器Ⅱ次侧端子连接轨道。

(2)$BE_{1(2)}$-M2 扼流变压器调谐器与轨道信号电压变比调整

①减小变压器变比可提高分路能力；

②减小变压器变比可降低受端二元差动继电器电压；

③增大变压器变比可提高受端二元差动继电器电压。

注:初始推荐使用 6.5∶1 变比,调整方法见表 3-37。

表 3-37　GM·BG1-80 高压脉冲轨道变压器常用变比

变压器变比	Ⅰ次侧使用端子	连接端子	Ⅱ次侧使用端子
3.0∶1	$Ⅰ_1$-$Ⅰ_2$	—	$Ⅱ_3$-$Ⅱ_5$
3.5∶1	$Ⅰ_2$-$Ⅰ_3$	—	$Ⅱ_3$-$Ⅱ_5$
4.5∶1	$Ⅰ_2$-$Ⅰ_5$	$Ⅰ_3$-$Ⅰ_4$	$Ⅱ_3$-$Ⅱ_5$
5.5∶1	$Ⅰ_2$-$Ⅰ_6$	$Ⅰ_3$-$Ⅰ_4$	$Ⅱ_3$-$Ⅱ_5$
6.5∶1	$Ⅰ_1$-$Ⅰ_3$	—	$Ⅱ_3$-$Ⅱ_5$
7.5∶1	$Ⅰ_1$-$Ⅰ_5$	$Ⅰ_3$-$Ⅰ_4$	$Ⅱ_3$-$Ⅱ_5$
8.5∶1	$Ⅰ_1$-$Ⅰ_6$	$Ⅰ_3$-$Ⅰ_4$	$Ⅱ_3$-$Ⅱ_5$

5. GM·Y1 高压脉冲译码器调整

(1)器材连线

高压脉冲译码器可分别通过封连端子 43 至 11、12、31、32、33 端子的配线用来调整尾部接收电压,和其余端子配线保持不变。

(2)GM·Y1 高压脉冲译码器尾部电压调整

高压脉冲译码器输出头尾电压比例为 1∶4～1∶8 可调;增大变比可以升高尾部电压,减小变比可以降低尾部电压。调整方法见表 3-38。

表 3-38　GM·Y1 高压脉冲译码器尾部电压调整

序号	端子代号	用途	备注
1	43	尾部电压调整公共端子	连接 4-23
2	11	尾部电压调整端子	43-11 输出头尾电压比例:1∶4
3	12	尾部电压调整端子	43-12 输出头尾电压比例:1∶5
4	33	尾部电压调整端子	43-33 输出头尾电压比例:1∶6
5	31	尾部电压调整端子	43-31 输出头尾电压比例:1∶7
6	32	尾部电压调整端子	43-32 输出头尾电压比例:1∶8

二、系统调试

1. 通电前准备

步骤 1:检查器材

根据轨道电路制式和 BGM 不对称高压脉冲轨道电路设备配置清单确认器材完整性。BGM 不对称高压脉冲轨道电路设备配置清单见表 3-39。

步骤 2:选择调整表

轨道电路调整表用于现场施工、使用指导,参考调整表进行轨道电路施工调整,可减少一次调整次数甚至减少施工风险,提高外界应用环境的安全性。轨道电路调整表内容包括轨道长度的规定、道砟电阻的规定范围、电缆长度的范围,区段的类型(如电气化区段、非电气化区段)等。

不同轨道区段长度下,不同的应用环境下,发送设备电压、传输变压器初次级变比不同,应根据轨道电路的类型、区段的长度等选择适合的调整表。

调整表使用说明:

(1)确定轨道电路制式。包括是否电气化、是否电码化、高压脉冲发码器分散设置(即室外设置)还是集中设置(即室内设置)、受电端与无受电分支数量以及是否有附加扼流变压器,根据以上条件,选择相适应的调整表类型。

(2)调整表中继电器电压一栏中的 U_{jmin} 表示道砟电阻 0.6 Ω·km 且相应的电缆电阻最大时的二元差动继电器头、尾电压值;U_{jmax} 表示道砟电阻∞且相应的电缆电阻最小时的二元差动继电器头、尾电压值。

表 3-39　BGM 不对称高压脉冲轨道电路设备配置清单

序号	设备型号	电气化非电码化（分散式）	非电气化非电码化（分散式）	电气化非电码化（集中式）	非电气化非电码化（集中式）	电气化叠加 ZPW-2000（UM）系列电码化（分散式）	非电气化叠加 ZPW-2000（UM）系列电码化（分散式）	电气化叠加 ZPW-2000（UM）系列电码化（集中式）	非电气化叠加 ZPW-2000（UM）系列电码化（集中式）	电气化叠加国产移频电码化	非电气化叠加国产移频电码化
1	GM・F2-50			1	1			1	1	1	1
2	GM・QBW-60/50	1	1			1	1				
3	GM・HF2-50	1	1			1	1				
4	GM・RT-30	1	1			1	1				
5	BE_1-M2					2		2		2	
6	BE_2-M2	2		2							
7	GM・BG1-80		2		2		2		2		2
8	GM・Y1	1	1	1	1	1	1	1	1	1	1
9	GM・HPG1(2)-ZD/(N)					2	2	2	2		
10	GM・QY1					1	1	1	1		
11	GM・QY2									1	1
12	GM・HG									2	2
13	GM・BMT									2	2
14	RCH-1	1	1	1	1	1	1	1	1	1	1

(3)一送一受区段长度应低于调整表中区段对长度栏标示的数值，如区段长度为 99 m，应选用 100 m 栏调整表，若区段长度为 205 m，则应选用 300 m 栏调整表。

(4)一送多受区段中划分存在 L_1、L_2、L_3……L_n 等多个分支，自岔前绝缘节到岔心为 L_1，自岔心至岔后分支末端绝缘节或下一组道岔岔心距离为 L_2、L_3……L_n。调整表中的 L_1、L_2、L_3……$L_n \leqslant 120$ m(或其他数值)或 $L_1 \sim L_n \leqslant 120$ m(或其他数值)，均表示 L_1、L_2、L_3……L_n 中的任何一个 L 都要小于等于 120 m，而非各个 L 之和要小于等于 120 m。

(5)一送多受区段原则上要同时满足调整表中"受电端设置"与"无受电分支及附加扼流设置"栏目条件，若不能同时满足时，按"受电端设置"条件选择调整参数。

(6)调整表中未标长度的分支均为 65 m。

(7)轨道电路调整前应测量轨道电路送电端及受电端实际电缆环阻(采用万用表欧姆挡测量，高压脉冲发码盒分散设置时送电端电缆环阻不需要测量)，并根据轨道电路发送端及接收端实际测量的电缆环阻值选择与调整表中给定送、受端电缆环阻相符的调整挡位。

(8)当现场送、受端电缆环阻低于调整表列出的最小环阻值时，可在电缆侧增加 GM · RT-30 型高压脉冲调整电阻对电缆长度进行适当的阻值补偿，然后根据补偿后的阻值进行轨道电路的调整。

(9)叠加电码化的一送一受带分支和一送多受轨道电路区段的调整表参照非电码化的相应制式调整表进行调整。

(10)GM · F 系列高压脉冲发码器电阻挡 0 Ω 的调整方法：Ⅱ6 连接Ⅰ7。

(11)高压脉冲译码器输入端子采用 1、3 端子。

(12)轨道电路调整时，建议优先选用 6.5∶1 变比，当其他调整条件(如电缆环阻)不能满足要求或因轨面生锈严重不能可靠分路时，可使用其他变比进行调整。

集中式电化非电码化不对称高压脉冲一送一受调整表(部分)见表 3-40。

表 3-40　集中式电化非电码化不对称高压脉冲一送一受调整表(部分)

轨道电路长度(m)	送、受端电缆环阻		高压脉冲发码器调整		扼流变比		继电器电压(V)	
	送端环阻(Ω)	受端环阻(Ω)	电压(V)	调整电阻(Ω)	送端	受端	U_{jmin}	U_{jmax}
200	10～50	0～50	500	10	3.5∶1	3.5∶1	30/21	122/118
200	0～40	0～50	500	20	3.5∶1	3.5∶1	30/21	122/118
200	5～50	0～50	400	20	4.5∶1	4.5∶1	28/23	101/96
200	15～50	0～50	300	10	3.5∶1	3.5∶1	27/24	81/75
200	5～40	0～50	300	20	3.5∶1	3.5∶1	27/24	81/75
200	15～50	0～50	300	20	6.5∶1	6.5∶1	29/27	77/75

以集中式电气化非电码化高压脉冲一送一受为例，若轨道电路长度为 200 m，送端环阻为 15 ～50 Ω，受端环阻为 0 ～50 Ω，调整高压脉冲发码器电压为 300 V，调整电阻为 20 Ω，送受端扼流变压器变比为 6.5∶1。

步骤 3：检查配线

根据选择的调整表调整各器材的参数，确保施工配接线的正确。

调整参数时，应着重注意以下事项：

(1)扼流变压器检查

①调谐器和信号线圈配线检查，如图 3-53 所示。

在非故障查找情况下，禁止使用方或施工方拆卸或挪动扼流变压器调谐器和信号线圈配线，以免错误使用甚至损坏设备。

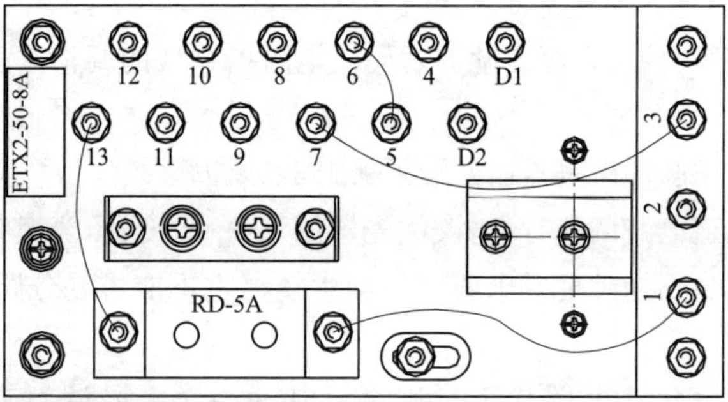

图 3-53　扼流变压器调谐器与信号线圈连接图

②信号侧和牵引侧配线检查

扼流变压器信号侧和牵引侧配线应保证正确，轨道电路信号侧严禁配线到扼流变压器的 1、3 端子上。

(2)室外高压脉冲发送设备配线检查

室外高压脉冲发送设备的内部配线较多，应保证高压脉冲发码器和高压脉冲发码电源变压器、高压脉冲调整电阻器的配线正确。

(3)室内配线检查

①受电端数量检查

室内配线应着重检查受电端数量，每个高压脉冲发码器最多可带载 3 个受电端，即 BGM 型不对称高压脉冲轨道电路最大支持一送三受。

②高压脉冲译码器输入配线检查

检查高压脉冲译码器的输入端子，确认使用 1、3 端子。

2. 电路调整

步骤 1：通电后，首先确认钢轨线路脉冲信号的极性正确。

若高压脉冲轨道电路尾部电压高出头部电压，则考虑是否是极性接反。若极性接反，在保证钢轨极性交叉的条件下，只需将扼流变压器/轨道变压器信号侧端子配线对调即可。

步骤 2：查看二元差动继电器头尾电压和状态。

二元差动继电器头尾电压和状态应满足以下条件：

(1)400 m 以内区段：

晴天，二元差动继电器头尾电压应在 40 V 左右且正常吸起；雨天，二元差动继电器头尾电压应在 35 V 左右且正常吸起。

(2)400 m 以上区段：

晴天，二元差动继电器头尾电压应在 50 V 左右且正常吸起，雨天，二元差动继电器头尾电压应在 40 V 左右且正常吸起。

若二元差动继电器头尾电压和状态均满足以上条件时，进行步骤 4，否则进行步骤 3。

步骤 3：根据现场实际情况微调高压脉冲发码器的电压、调整电阻和扼流变压器/轨道变压器变比，返回步骤 2。

(1)若二元差动继电器头尾电压均偏高，依次进行以下操作：

①减小高压脉冲发码器的电压挡位(若为分散式则减小高压脉冲发码电源变压器的电压挡位)。

②增大高压脉冲发码器的电阻挡位(若为分散式则增大高压脉冲调整电阻的电阻挡位)。

③减小送、受端扼流变压器/轨道变压器变比。

(2)若二元差动继电器头尾电压均偏低,依次进行以下操作:

①增大高压脉冲发码器的电压挡位(若为分散式则增大高压脉冲发码电源变压器的电压挡位)。

②减小高压脉冲发码器的电阻挡位(若为分散式则减小高压脉冲调整电阻器的电阻挡位)(注:轨道电路制式为分散式时,高压脉冲调整电阻器电阻不应小于10 Ω;轨道电路制式为集中式时,高压脉冲发码器限流电阻与电缆环阻之和不应小于10 Ω)。

③增大送、受端扼流变压器/轨道变压器变比。

(3)若二元差动继电器头部电压正常,尾部电压偏低,进行以下操作:

调整高压脉冲译码器的尾部端子(端子调整参考GM·Y1高压脉冲译码器尾部调整表),提高尾部电压。

(4)若二元差动继电器头部电压正常,尾部电压偏高,依次进行以下操作:

①调整高压脉冲译码器的尾部端子(端子调整参考GM·Y1高压脉冲译码器尾部调整表),降低尾部电压。

②减小送、受端扼流变压器/轨道变压器变比,同时提高高压脉冲发码器(高压脉冲发码电源变压器)的电压挡位。

③根据当前二元差动继电器头尾电压情况调整高压脉冲发码器(高压脉冲调整电阻器)的电阻挡位。

(5)若轨面的锈层情况严重,依次进行以下操作:

①减小送、受端扼流变压器/轨道变压器变比。

②根据当前二元差动继电器头尾电压情况依次调整高压脉冲发码器(高压脉冲发码电源变压器)的电压挡位和高压脉冲发码器(高压脉冲调整电阻器)的电阻挡位。

步骤4:分路测试。

使用0.15 Ω标准分路线对轨道电路进行分路测试。二元差动继电器头部电压应不大于 13.5 V、尾部电压不大于 10 V，头部、尾部电压同时低于上述电压值即达到标准。

步骤 5：极性交叉测试。

高压脉冲轨道电路与 25 Hz 相敏轨道电路、JZXC-480 型轨道电路、移频轨道电路相邻时，绝缘单、双破损均具有良好的防护性能，无须测试极性交叉。两相邻不对称高压脉冲轨道电路轨道区段极性应交叉。施工方在施工时应根据设计院设计图纸中标示极性位置进行施工，并用其他相关仪表进行极性确认。测试时，应使用具有波形显示功能的仪表。如图 3-54 所示，将仪表的红表笔（正表笔）搭在其中一根钢轨上，黑表笔（负表笔）搭在另一根钢轨上，仪表会显示如图 3-54 所示的不对称脉冲波形（任意），平移表笔至另一区段（绝缘节另一侧），仪表显示与之相反的不对称脉冲波形，则表明此相邻区段已设置极性交叉，反之，则应调整相关设备的连接方式以更正极性。

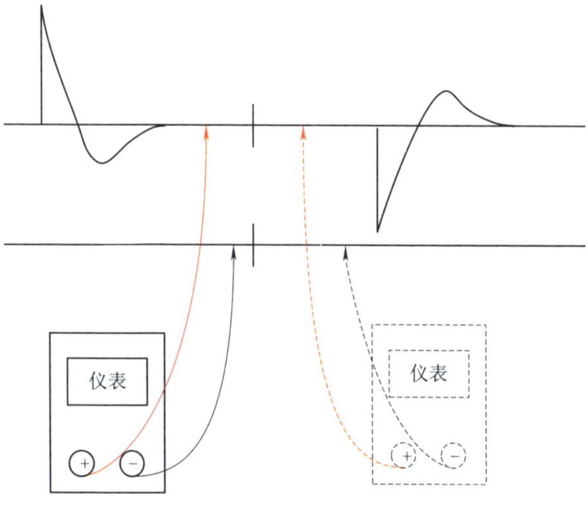

图 3-54　极性交叉设置

3. 电码化调整

在使用轨道电路综合测试仪进行高压脉冲叠加移频电码化调整和测试时，应使用高压脉冲界面下的 ZPW-2000 或者国产移频挡进行测试，如果高压脉冲界面下没有相应的移频测试挡，应退出高压脉冲挡位，直接使用中国移频挡进行电码化测试。

(1)ZPW-2000/UM71 电码化

①参照器材使用、检验标准将高压脉冲隔离匹配盒调整至对应的载频频率端子位置。

a. 电码化为开环叠加时，隔离匹配盒采用 GM·HPG_1-ZD(/N)型(可用 GM·HPG_2-ZD(N)型代替使用)，单端发码时 TL 端子与该区段对应的载频相连，双端发码时送受电端的 TL 端子应与该端发码时对应的频率分别相连，TC 与位置对应的电容端子相连。

b. 采用闭环电码化技术时，隔离匹配盒采用 GM·HPG_2-ZD(/N)型，TL 与该区段的两种载频同时相连，TC 与对应的两个电容端子相连(如 TL 同时连接 1700、2000，TC 需同时连接 C1、C2)。

②依据 ZPW-2000/UM71 电码化入口电流调整方法进行调整。

③使用 0.15 Ω 标准分路线测试入口电流及出口电流，确保达到标准要求。

④使用 0.15 Ω 标准分路线进行分路测试，确保继电器残压在标准范围之内。

4. 调整完成后

当高压脉冲轨道电路调整完成并进入稳定运行期时，禁止随意调整使用端子，且使用方或维护方应每日测试继电器头、尾部电压。

5. 轨道电路防护注意事项

(1)电气化区段，电力接触网进行维护、维修时，将接地线打在一根钢轨上作业，给轨道电路造成大的不平衡电流，出现红光带甚至会烧坏轨道电路器材。因此在进行接触网维修作业时，应将地线所在区段和相邻区段钢轨短路，以保护轨道电路器材。

(2)电气化区段，当其他区段过车本区段出现高压脉冲尾部电压明显增大时，说明牵引不平衡电流较大，通过钳形表观察不平衡差异，查找不平衡原因，如钢轨上有无塔杆地线，火花间隙好不好，道床对地电阻平衡情况等，消除不平衡对轨道电路的干扰。

(3)在进行轨道电路维护、维修或调整时，应首先断开高压脉冲发码器输入熔断器，相关工作完成后，再恢复熔断器。

第五节　系统维护

一、维护要求

1. 基本要求

(1)所有设备组装、拆解及线缆的插拔之前均应先切断电源,禁止带电作业。

(2)对电缆设置明确的标识。

(3)对电缆插拔时要确认电缆标识,防止插错。

(4)应严格按照调整表进行调整,禁止随意修改。

(5)需要确保钢轨对地和钢轨之间绝缘良好,道岔分支并联跳线完好。

(6)确保钢轨踏面清洁。

(7)确保轨道电路机械绝缘节绝缘良好。

(8)确保扼流中心线可靠连接、线缆良好。

(9)电缆与贯通地线及其接头需按规定隔离。

(10)信号线缆未经雷电防护的“脏线”与雷电防护后的“净线”应严格分开,否则可造成设备损坏。

2. 电源使用要求

(1)室内发送器电源要求:AC 209～231 V(GM·F1-50)、AC 213.4～226.6 V(GM·F1-25)、AC 176～253 V(GM·F2-50);

(2)室外发送器电源要求:AC 176～242 V(GM·QBW)、AC 220 V(GM·BDF);

(3)25 Hz 输入电源频率允许偏差:25 Hz±0.3 Hz;

(4)50 Hz 输入电源频率允许偏差:50 Hz±0.5 Hz。

3. 电缆使用原则

非电码化时,可成对使用普通信号电缆。电码化时,需使用内屏蔽数字信号电缆,使用原则如下:

(1)必须按四线组对角线为基本线对成对使用;

(2)两个频率相同的发送与接收线对不能采用同一根电缆;

(3)两个频率相同的发送线对不能设置在同一屏蔽四线组内；

(4)两个频率相同的接收线对不能设置在同一屏蔽四线组内；

(5)多芯并用时，以基本线对为单位，并用的各基本线对可放置于同一四芯组、同一电缆或不同电缆内；

(6)电缆余量不能成“O”形。

4. 牵引不平衡电流要求

轨道电路所适用的交流电力牵引区段，不平衡牵引电流不大于80 A。

5. 调整状态维护要求

(1)在最不利条件下，二元差动继电器头部电压值应不小于27 V，尾部电压不小于19 V；

(2)二元差动继电器电压头部电压、尾部电压值应不大于轨道电路调整参考表上限值要求；

(3)轨面头部电压不大于200 V；

(4)钢轨脉冲极性应满足极性交叉原则。

6. 分路状态维护要求

(1)使用0.15 Ω标准分路线对轨道电路进行分路测试。二元差动继电器头部电压应不大于13.5 V、尾部电压不大于10 V，头部、尾部电压同时低于上述电压值即达到标准。

(2)电码化时，短路电流不小于表3-41的规定。

表3-41 电码化短路电流最小值

基准载频(Hz)	1 700	2 000	2 300	2 600
短路电流(A)	0.5	0.5	0.5	0.45

(3)进行压力分路测试时，被测试区段应出现“红光带”，二元差动继电器头部电压值小于13.5 V，尾部电压小于10 V。

7. 设备工作指示灯显示要求

正常情况下，发码器工作灯应闪绿，频率约为3 Hz。

二、维护内容

高压脉冲轨道电路设备日常养护内容见表3-42。

表 3-42　高压脉冲轨道电路设备日常养护内容

修程	工作内容	单位	周期	备　注
日常养护	1. 检查钢轨绝缘外观良好，轨缝标准	区段	站内每月不少于2次，区间每月不少于1次	
	2. 轨距杆、道岔连接杆、连接板及安装装置绝缘外观检查	百m		
	3. 检查送、受端引线，轨端接续、道岔跳线完好，防混措施良好	百m		
	4. 检查外界对设备的干扰，发现问题及时处理	百m		
	5. 检查箱盒有无破损、漏水，加锁装置良好	个		
	6. 检查箱盒外部螺栓良好	个		
	7. 访问车站值班员，了解运用情况	站		
	8. 基础面及设备外部清扫、注油	处		
	9. 更换不良绝缘	处		
	10. 更换断股导接线、钢丝绳，对缺油钢丝绳补油	个	按需	
	11. 补偿电容外观检查	处	每月2次	
集中检修	1. 检查、测试轨道绝缘，更换不良绝缘、导线及部件	组	每半年1次	对于分路不良区段，第7项分路测试试验每月应不少于1次
	2. 检查、测试轨距杆绝缘，不良更换	根		
	3. 检查送、受端箱盒通风、防尘状况，不良整修	个		
	4. 钢丝绳除锈、涂油、整修	区段		
	5. 检查、补齐、整修引接线、接续线、道岔跳线、扼流变压器中心连接板(线)	区段		
	6. 基础面及设备外部清扫、注油	处		
	7. 分路测试试验	区段		
	8. 测试防雷元件，不良更换	个		
	9. 补偿电容检查测试	处		
	10. 电气化区段扼流变压器开盖检查	个		
	11. 进行Ⅰ级测试并记录	区段		
	12. 配合更换器材及试验	区段		
	13. 极性交叉检查	区段	每年1次	
	14. 箱、盒清扫、油饰，书写代号	个	2年1次	
	15. 检查、更换熔断器，核对容量			
	16. 配合轨道电路标调	区段	5年1次	更换器材应及时标调
	17. 配合中修	区段		
	18. 配合工务更换绝缘和不良轨距杆	根	按需	

第六节　故障处理

一、处理流程

通用的处理流程及方法如图 3-55 所示。

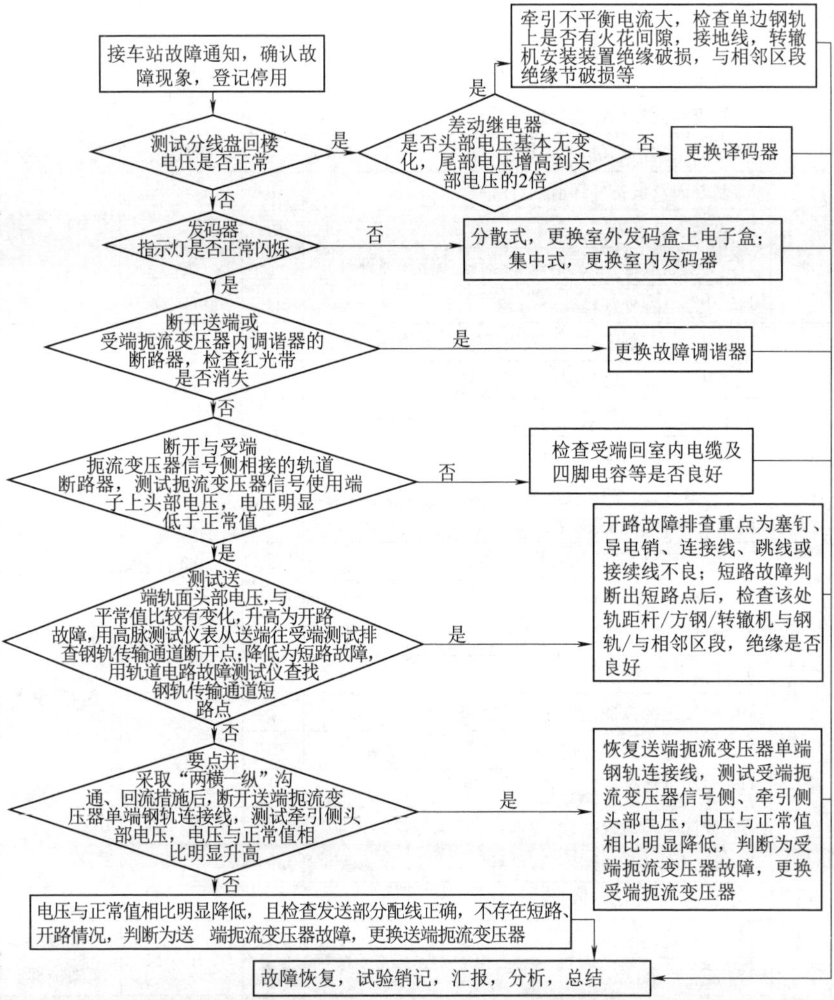

图 3-55　BGM 型不对称高压脉冲轨道电路故障处理流程

二、故障案例

通用故障处理方法见表 3-43。

表 3-43 高压脉冲轨道电路设备通用故障处理方法

序号	分类	现象	可能原因	处理措施
1	电路配线有误	高压脉冲发码器无输出，指示灯忽亮忽暗，且闪烁频率慢	高压脉冲发码器输出可能错误接到其他端子上，例如端子 I_4、I_5 上	按照接线图正确接入端子
2		室外送回室内高压脉冲信号电压正常，但二元差动继电器头部、尾部电压均无	该区段分线盘至组合条侧面端子配线与其他非高压脉冲区段错接	按照接线图正确接入端子
3		高压脉冲发码盒在给电后，电子盒指示灯不亮，无输出	误将高压脉冲发码盒端子 4、5(辅助电源)接在高压脉冲发码电源变压器Ⅱ次侧线圈端子上，高压脉冲发码盒被烧坏	按照接线图正确接入端子，并更换高压脉冲发码盒
4		受端轨面头部电压明显高于送端轨面头部电压(如受端轨面头部电压比送端轨面头部电压高 20 V 以上的情况)	高压脉冲发码盒输出端子 8 和 10 接反，造成调整电阻未接入	按照接线图正确接入端子
5		集中式区段送端在分线盘及扼流变压器信号侧测试时，电压时有时无	高压脉冲发码器输出线，接触不良	将高压脉冲发码器输出线取出重新制作线头并接入
6		高压脉冲发码盒电子盒指示灯闪烁频率慢、亮度高，二元差动继电器吸起，几分钟后电子盒损坏	高压脉冲发码盒 3、4 端子外接线配反，主电源与辅助电源混线	按照接线图正确接入端子
7		微机监测显示峰值电压(如头部约 200 V，尾部约 20 V)，尾部电压超限报警	受端扼流变压器信号引线使用 11、13 端子，无该变比挡位，且电压过小	按照接线图正确接入端子
8		尾部电压有效值临界，调整高压脉冲译码器及高压脉冲发码器无明显变化	受端扼流变压器变比过小，且与送端不一致	受端扼流变压器与送端保持一致

续上表

序号	分类	现象	可能原因	处理措施
9	电路存在短路现象	二元差动继电器头部、尾部电压多次调整后仍低于要求	原轨道电路用综合防雷柜、轨道防雷条、XB箱内防雷元件及防雷补偿器有未拆除的情况	拆除原轨道电路用综合防雷柜、轨道防雷条、XB箱内防雷元件及防雷补偿器
10			新建站非高压脉冲用防雷元件(如 68 V)误接到该高压脉冲区段中	拆除原非高压脉冲用防雷元件,安装高压脉冲用防雷元件
11			引起高压脉冲短路的室内或室外配线、器材未拆除	拆除引起高压脉冲短路的室内或室外配线、器材
12		二元差动继电器头部、尾部电压值正常,但摆动频率异常快,继电器不吸起	集中监测继电器盒配线错误,造成半短路	更正配线
13		二元差动继电器头部电压约 20 V,且调整后变化不大,尾部电压正常	组合条侧面端子中头部集中监测外引线半短路	更正配线
14		二元差动继电器吸起,头部电压 20 V,尾部 60 V,倒极性后继电器未吸起,电压无明显变化	测试盘组合条侧面端子上该区段头部与尾部混线	更正配线
15		两个区段二元差动继电器均吸起,一区段受端主回路断路器断开,两个区段继电器均落下,头部、尾部均有残压	两个区段受端回室内电缆混线	更正配线
16		区段偶尔闪红光带	与相邻区段的绝缘节短路(可能是通过铁屑短路),并通过扼流中间连接板、相邻区段扼流牵引半个线圈半短路	排查该区段绝缘节周围,防止绝缘节短路

续上表

序号	分类	现象	可能原因	处理措施
17	外部条件不满足	送端发码电压大范围调整时,受端二元差动继电器头部、尾部电压变化不大	该区段道床漏泄大	改善区段道砟电阻
18		送端调极性后,受端也跟着调过极性,但该区段仍是红光带	该区段是一送多受,只调了一个受端的极性	一送多受区段,所有受端均应调整
19		二元差动继电器头部、尾部电压多次调整后仍低于要求或二元差动继电器突然头部、尾部电压无或降低,产生红光带	轨距杆、方钢、转辙机与钢轨等绝缘不良,引起半短路	排查轨距杆、方钢、转辙机与钢轨等绝缘防护性,防止引起短路
20		二元差动继电器头部、尾部电压多次调整后仍低于要求,同时,轨面电压压降大,(如送端 50 V,受端 30 V)	端扼流变压器回楼电缆接混,半短路	更正配线
21		带电调整变压器变比、调整电阻阻值时,二元差动继电器头部、尾部电压突然消失	高压脉冲瞬时功率可达10 000W,带电操作可造成发码器损坏严禁带电操作	更换高压脉冲发码器
22		分散式轨道电路,正在使用中突然出现闪红	分散式高压脉冲室外断路器应使用 2 A,现场使用的是 1 A 的断路器,容量不够	应严格按照施工蓝图配置 2 A 断路器
23		二元差动继电器突然头部、尾部电压无,红光带	室外扼流牵引线未加绝缘管,牵引线碰到一起	给室外扼流变压器牵引线安装绝缘管
24		头部电压基本无变化或变化明显小于尾部,尾部电压增高到头部电压的 2 倍以上	该区段牵引电流不平衡系数>8%,超出使用范围可能是与相邻区段单边绝缘节破损、单边钢轨连接线未打牢固、单边钢轨接地、转辙机安装装置绝缘破损、回流不畅等造成的	对应更换绝缘节、打牢钢轨连接线、单边钢轨接地、更换转辙机安装装置绝缘

续上表

序号	分类	现象	可能原因	处理措施
25	外部条件不满足	二元差动继电器头部、尾部电压突然降低约一半，且高压脉冲发码电源变压器发烫，但未红光带	电力检修产生异常高压，造成高压脉冲发码盒电子盒整流桥 Z1 部分短路，高压脉冲发码电源变压器输出过载	更换高压脉冲发码盒电子盒
26		道岔区段集中监测中头部、尾部电压有效值稳定，头部峰值波动约 100 V	转辙机与钢轨连接处绝缘破损，短路	更换转辙机与钢轨连接处绝缘设备
27		道岔区段头部、尾部电压有效值波动约 20 V，红光带	固定转辙机螺栓的防松销与钢轨接触，造成转辙机与钢轨短路	断开固定转辙机螺栓的防松销与钢轨接触点
28		头部电压明显升高，尾部电压增高到头部电压的 2 倍以上	单边钢轨上有地线或火花间隙	断开地线和钢轨的连接
29		下雨后，头部电压、尾部电压明显降低，过车后红光带不消失或闪红光带	上坡区段洒沙，沙及煤灰等堆积接触钢轨，且下雨，造成道床漏泄大受端轨面头部电压比送端轨面降低一半以上	改善道床情况
30	器材问题	二元差动继电器头部、尾部电压消失，断开受端信号电缆，电压基本无变化；断开受端扼流牵引线，受端轨面电压正常	受端端扼流变压器信号端子 10、11 绝缘破损，造成短路	更换受端扼流变压器
31		二元差动继电器头部电压突然降低，产生红光带	单测扼流变压器时发现变比不对，其牵引线圈出现局部短路情况	更换扼流变压器
32		头部电压下降约 20 V，尾部电压变化不大	受端或送端扼流变压器调谐器电感短路	更换扼流变压器
33		头部电压小，尾部电压正常或偏大	极性反，或钮子开关、表头上头部、尾部混线	更正极性或配线
34		一台发码器故障，更换备品后，红光带不消失，尾部电压是头部电压的几倍	备品发码器输出极性反	更正极性

续上表

序号	分类	现象	可能原因	处理措施
35	电码化测试问题	电码化入口电流在多次调整后仍不达标	室内、室外隔离器材故障或未接好	检查室内、室外隔离器材，更换损坏器件
36		电码化入口电流不达标，且不稳定	移频测试表钳口连接处断线	更换移频测试表
37		高压脉冲叠加国产移频或ZPW-2000电码化，电码化电压、入口电流测试，时有时无	电码化电压、入口电流测试时未断开高压脉冲信号，或未使用专用仪表	电码化电压、入口电流测试时，需断开高压脉冲信号，或使用专用仪表，如版本号为2.01、3.01、4.01的ME 2000H型轨道电路综合测试仪
38	电码化接收问题	高压脉冲叠加国产移频或ZPW-2000电码化，机车接收不到电码化信号	高压脉冲组合中轨道继电器或轨道复式继电器接点未接入电码化控制电路	更正配线
39	设计问题	高压脉冲叠加ZPW-2000闭环电码化，入口电流多次调整仍不达标	隔离匹配盒型号为$GM \cdot HPG_1$型	隔离匹配盒应使用$GM \cdot HPG_2$型
40		50 Hz发码器或发码盒(还包括稳压变压器、高压脉冲发码电源变压器)使用一段时间后温升过高	输入电源频率错误	输入电源频率应与发码器或发码盒工作频率一致
41		前一区段为高压脉冲轨道电路区段，后一区段是25 Hz轨道电路短区段，在列车快速通过后不能解锁	25 Hz轨道电路和高压脉冲轨道电路继电器吸起时间分别为0.3～0.5 s、1.5 s，在短列车高速依次通过两区段时，前一区段未吸起，后一区段已吸起轨道电路三点检查顺序错误，导致解锁不了	应给25 Hz轨道电路增加阻容盒，延时吸起时间1 s

续上表

序号	分类	现象	可能原因	处理措施
42	设计问题	连续两区段正线预叠加ZPW-2000电码化区段，前一区段为25 Hz，后一区段为高压脉冲，当车出清25 Hz轨道电路，压入高压脉冲后出现双掉码	25 Hz轨道电路和高压脉冲轨道电路继电器落下时间分别为0.3～0.5 s、1～1.5 s，在短车列高速依次通过两区段时，两区段轨道复示继电器都处于吸起状态，导致FMJ落下，切断电码化电路时间1 s	25 Hz轨道电路增加阻容盒，延时吸起时间1 s
43		一送两受带一个无受端分支，在无受端分支分路时，有受端残压过高	无安全尾巴线，无受端分支	从岔心算起超过25 m应加设安全尾巴线

第四章　GMG-GX 型不对称高压脉冲轨道电路系统

GMG-GX 型不对称高压脉冲轨道电路(简称脉冲轨道电路)是由固安信通信号技术股份有限公司研制。

第一节　系统组成及技术特点

一、系统组成

脉冲轨道电路设备主要包括脉冲发送器、脉冲接收器、脉冲衰耗器、脉冲扼流变压器、脉冲匹配变压器、脉冲隔离器等。

脉冲发送器分为室内设置和室外设置两种方式;电气化区段时采用脉冲扼流变压器,非电气化区段时采用脉冲匹配变压器;叠加电码化时在发码端设置脉冲隔离器。

脉冲发送器用于产生不对称脉冲信号,三挡功率可调整,3.3 Hz、3.9 Hz两种频率可选择,可放置于室内或室外。

脉冲衰耗器用于脉冲信息传输和数据采集、报警、状态显示。脉冲信息传输用于调整进入脉冲接收器的信号幅值大小,匹配电缆阻抗和脉冲接收器阻抗,提供轨道继电器吸起条件。数据采集、报警、状态显示用于采集脉冲发送器、脉冲接收器的工作数据,并把采集数据传输给采集处理器,提供设备故障报警条件,显示设备及轨道区段占用情况,该部分独立于脉冲传输部分之外,与脉冲传输部分的接口采用了隔离措施。

脉冲接收器用于接收脉冲信号,对脉冲极性、脉冲频率、电压幅值等进行处理、判断,当脉冲信息满足吸起条件时,给出轨道继电器吸起条件,当脉冲信息不满足吸起条件时,关断轨道继电器吸起条件。

脉冲扼流变压器用于电气化区段,传输脉冲信号,导通牵引电流,削弱 50 Hz 不平衡牵引电流对系统的干扰。

脉冲匹配变压器用于传输脉冲信号。

脉冲隔离器在脉冲轨道电路实施电码化时使用，分为 ZPW-2000 系列电码化隔离器和国内移频电码化隔离器两种，用于隔离脉冲信号对电码化设备的冲击，传输电码化信息。

脉冲发送器室外设置，电码化时采用四线制方式。

脉冲轨道电路系统构成如图 4-1、图 4-2 所示。

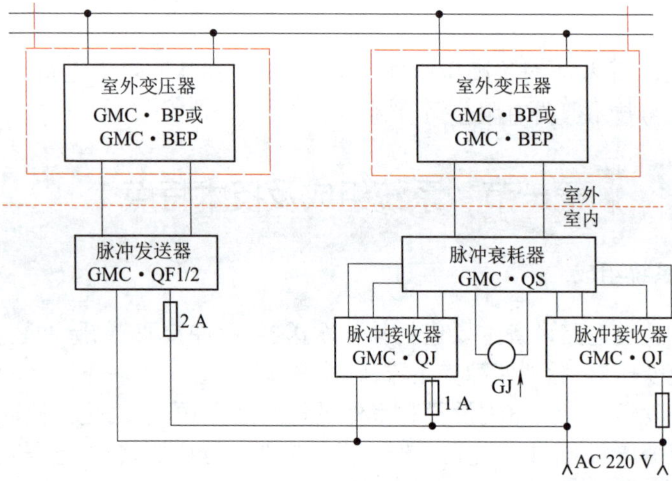

图 4-1　脉冲轨道电路系统构成示意图(室内发送器)

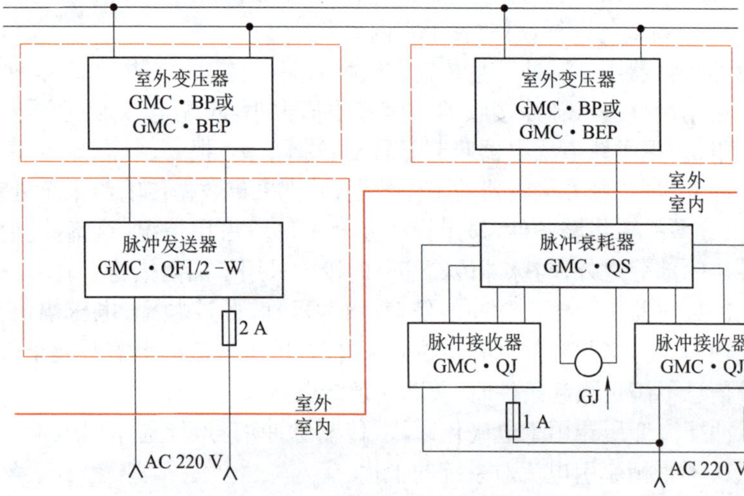

图 4-2　脉冲轨道电路系统构成示意图(室外发送器)

二、技术特点

1. 主要设备均可集中放置在室内并设置有测试塞孔及状态指示灯，室外设备种类少，便于现场施工、测试和维护。

2. 系统室内设备实现电子化，采用大规模集成电路方式实现频率产生、信息处理、数据判断等，有效提高了设备的可靠性。

3. 脉冲接收器采用二取二体系结构，并采用双机并联运用方式，有效提高了系统的安全性和可靠性；电子接收器的返还系数较高，可以有效改善轨道电路的分路。

4. 采用滤波和脉冲扼流变压器开气隙技术，提高系统抗不平衡牵引电流干扰的能力。

5. 脉冲轨道电路系统能够采集包括脉冲发送器、脉冲接收器的运行数据，并能够与信号集中监测站机通信，传输轨道电路设备的运行数据。

第二节　设备构成

脉冲轨道电路设备主要包括：脉冲发送器、脉冲衰耗器、脉冲接收器、脉冲扼流变压器、脉冲匹配变压器、脉冲隔离器、采集处理器等，设备清单如表 4-1 所列。

表 4-1　脉冲轨道电路设备清单

序号	设备	型号	备注
1	脉冲发送器	GMC·QF1	25 Hz 供电(室内)
2	脉冲发送器	GMC·QF2	50 Hz 供电(室内)
3	脉冲发送器	GMC·QF1-W	25 Hz 供电(室外)
4	脉冲发送器	GMC·QF2-W	50 Hz 供电(室外)
5	脉冲接收器	GMC·QJ	交流 220 V 供电(50 Hz 或 25 Hz)
6	脉冲衰耗器	GMC·QS	提供状态指示
7	脉冲扼流变压器	GMC·BEP-400	含工频滤波器
8	脉冲扼流变压器	GMC·BEP-600	含工频滤波器
9	脉冲扼流变压器	GMC·BEP-800	含工频滤波器

续上表

序号	设备	型号	备注
10	脉冲扼流变压器	GMC・BEP-1000	含工频滤波器
11	脉冲匹配变压器	GMC・BP	非电化区段送、受端通用
12	脉冲隔离器	GMC・GL	用于 ZPW-2000(UM)系列电码化
13	脉冲隔离器	GMC・DGL	用于国内移频电码化
14	采集处理器	ZPW・JC	可同时处理脉冲和 2000G 数据

注:根据现场供电情况选择 1(3)或 2(4);根据是否电气化情况选择 7、8、9、10 或 11;根据电化区段牵引电流要求选择 7、8、9 或 10;根据电码化类型选择 12 或 13。

一、脉冲发送器

1. 功能

脉冲发送器用于向轨道发送脉冲信号,电气化及非电气化区段通用,分为 25 Hz、220 V 和 50 Hz、220 V 供电两种。脉冲发送器可产生3.3 Hz、3.9 Hz 两种频率的脉冲信号,3 挡功率可调。

2. 型号及含义

脉冲发送器型号见表 4-2。

表 4-2 脉冲发送器型号

名 称	型 号	备 注
脉冲发送器	GMC・QF1	25 Hz 供电
	GMC・QF1-W	
	GMC・QF2	50 Hz 供电
	GMC・QF2-W	

GMC・QF1-W、GMC・QF2-W 型脉冲发送器的型号含义如图 4-3 所示。

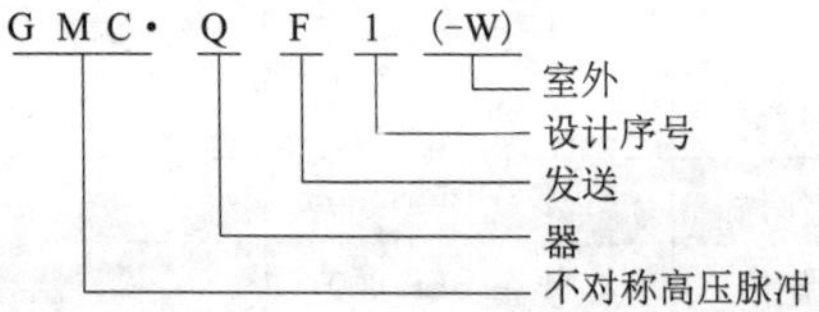

图 4-3 GMC・QF1(-W)型号含义

3. 端子定义

GMC·QF1、GMC·QF2 型脉冲发送器接线端子采用线簧连接器，端子示意如图 4-4 所示，GMC·QF1-W、GMC·QF2-W 型脉冲发送器接线端子采用万可端子，端子示意如图 4-5 所示。

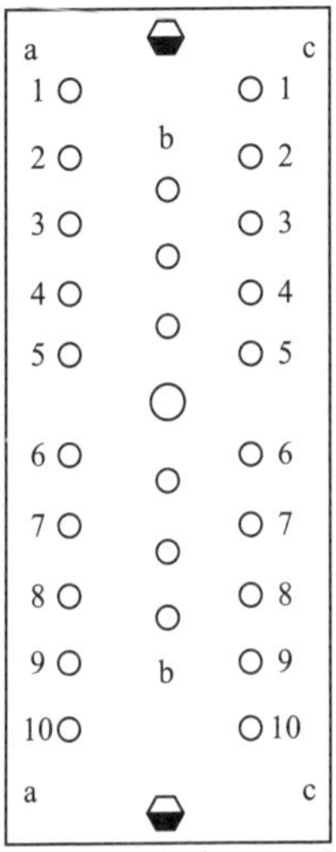

图 4-4　脉冲发送器端子示意图(室内)

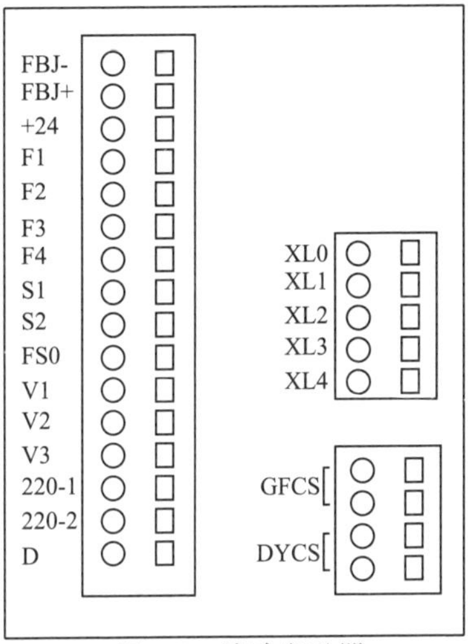

图 4-5　脉冲发送器端子示意图(室外)

GMC·QF1、GMC·QF2 型脉冲发送器的端子及用途说明见表 4-3，GMC·QF1-W、GMC·QF2-W 型脉冲发送器的端子及用途说明见表 4-4。

表 4-3　室内脉冲发送器端子说明

序号	端子编号	端子代号	端子说明
1	a5、a9	ACL、ACN	交流电源输入
2	b1	F1	3.3 Hz 脉冲频率选择
3	b4	F2	3.9 Hz 脉冲频率选择
4	b2、b3	F3、F4	脉冲频率预留
5	b5		脉冲频率选择
6	c2		限流电阻 0 Ω
7	a4		限流电阻 5 Ω
8	a3		限流电阻 10 Ω

续上表

序号	端子编号	端子代号	端子说明
9	c3		限流电阻 15 Ω
10	a2		限流电阻选择
11	a7	V1	功出 340 V 挡
12	c7	V2	功出 440 挡
13	a8	V3	功出 540 挡
14	a6	FS0	功出电压选择
15	b5、c4	FBJ＋、FBJ－	脉冲发送器报警条件
16	c5	024	24 V 地
17	c1、a1	S1、S2	脉冲发送器功出电压输出
18	c10	D	机壳地

说明：限流电阻选择端子分别与各限流电阻端子连接，功出通道中就接入相应阻值的电阻，限流电阻选择端子不接线时，接入电路的电阻为 20 Ω。

表 4-4　室外脉冲发送器端子说明

端子编号	备　注	端子编号	备　注
220-1、220-2	交流电源输入	XL0	限流电阻选择
F1	脉冲 3.3 Hz 频率	XL1	限流电阻选择
F2	脉冲 3.9 Hz 频率	XL2	限流电阻选择
F3、F4	脉冲频率预留	XL3	限流电阻选择
＋24	脉冲频率选择	XL4	限流电阻选择
V1	功出 340 挡	FBJ＋、FBJ－	脉冲发送器报警条件
V2	功出 440 挡	DYCS	电源测试塞孔
V3	功出 540 挡	GFCS	功出测试塞孔
FS0	功出电压选择	D	机壳地
S1、S2	功出电压输出		

调整电阻的连接可参见室外脉冲发送器限流电阻调整表。

4. 技术指标

脉冲发送器技术指标见表 4-5。

表 4-5　脉冲发送器技术指标

序号	测试项目		技术指标	备　注
1	输出电平（V）	1 电平	波头＞340	负载为 20 Ω±1 Ω 电阻
		2 电平	波头＞440	
		3 电平	波头＞540	
2	脉冲频率（Hz）	频率 F1	3.3±0.04	
		频率 F2	3.9±0.04	

5. 设备安装

脉冲发送器安装在室内托架上，通过接插件与外部线路连接。前面板设计了电源、频率、功出三个塞孔，还设置了脉冲发送工作指示灯，便于现场测试及维护。

室外脉冲发送器安装于室外 XB 箱内，采用螺丝固定在 XB 箱的垫板上。

脉冲发送器要求选择一个频率条件、1 挡功出电压才可正常工作，功出电压应根据《电子化不对称高压脉冲轨道电路调整表》选择合适的功出挡位。

注意：脉冲发送器工作时严禁空载，现场使用时脉冲发送器限流电阻与电缆环阻之和不得小于 20 Ω。

6. 严禁空载

（1）原理简述

在脉冲轨道电路系统中，利用脉冲发送器的电容放电产生脉冲信息，作为轨道电路信息进行传输。脉冲发送器的电容需构成回路才能放电，空载时，构不成放电回路，电容不再进行充放电过程，脉冲发送器没有脉冲电压输出。

（2）脉冲发送器“严禁空载”

①“脉冲发送器空载”的定义

脉冲发送器电源输入正常，由于器材内部或脉冲传输通道出现断线，造成充放电回路未构成，对外无脉冲输出的故障状态。

②“严禁空载”的完整表述

“严禁空载”完整表述为：在排除脉冲轨道电路故障时，应先关闭脉冲发送器电源输入，严禁使脉冲发送器处于“空载”故障状态，然后采用测试电阻的方法定位故障点。

③“严禁空载”的必要性

脉冲发送器空载，充放电回路未构成；排查故障时人体接触，有可能构成充放电通路，高压放电将会对人身造成伤害。

因此，技术说明中做出“脉冲发送器使用时‘严禁空载’的规定”。

(3)脉冲发送器空载的风险分析

①设备安全风险

脉冲发送器最高功出为 540 V 挡，最高峰值为 620 V，远低于可控硅的耐压值(1 200 V)，有足够的安全裕度。在实际使用中，未出现由于脉冲发送器空载导致的脉冲发送器故障，从设备可靠使用角度讲，脉冲发送器可以空载。

②人身安全风险

相关标准规定：轨面处脉冲峰值电压上限为 200 V。如电缆断线时，发送器处于“空载”状态，送端通道电压可能远大于 200 V；维修过程如出现身体接触、构成脉冲放电回路，存在造成人身伤害的安全风险。

因此，为确保维护人员人身安全，要求脉冲发送器“严禁空载”。

二、脉冲接收器

1. 功能

GMC·QJ 型脉冲接收器用于接收轨道脉冲信息，并对信息进行处理、判断，动作轨道继电器；电气化区段、非电气化区段通用，采用双机并用方式驱动轨道继电器。

2. 型号及含义

GMC·QJ 型脉冲接收器型号含义如图 4-6 所示。

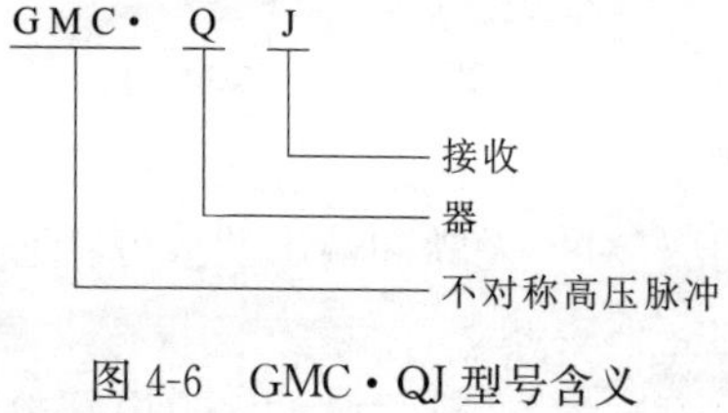

图 4-6　GMC·QJ 型号含义

3. 端子定义

脉冲接收器供电采用 2 孔电源插座，信号输入、输出接线端子采用 OCT-48 接插件，端子示意如图 4-7 所示。

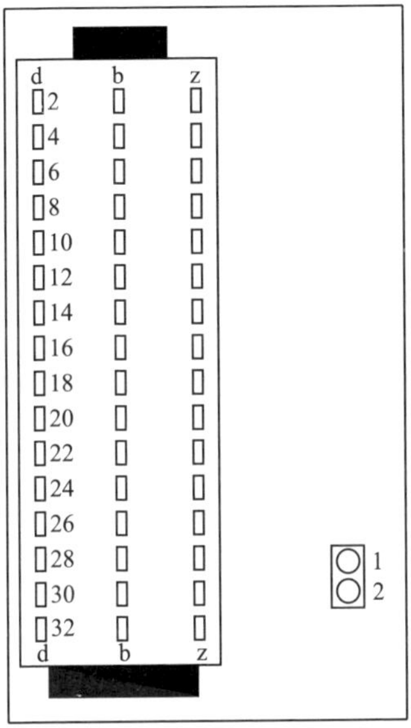

图 4-7　脉冲接收器端子示意图

脉冲接收器的端子编号及用途说明见表 4-6。

表 4-6　脉冲接收器端子说明

序号	端子编号	端子代号	备　　注
1	1、2	ACL、ACN	220 交流电源输入
2	b12、z12	ZIN＋、ZIN－	脉冲信号输入
3	d6	YP1	550 Hz 电码化
4	b6	YP2	650 Hz 电码化
5	d8	YP3	750 Hz 电码化
6	b8	YP4	850 Hz 电码化
7	b18	YP5	ZPW-2000 系列电码化
8	z28	＋24 V	电码频率化选择

续上表

序号	端子编号	端子代号	备　注
9	d14、b14	F1、F2	3.3 Hz、3.9 Hz 脉冲频率
10	d26	＋24 V	脉冲频率选择
11	z14	TW1	脉冲头尾比 3∶1 选择
12	d16	TW2	脉冲头尾比 4∶1 选择
13	b16	TW3	脉冲头尾比 5∶1 选择
14	z16	TW4	脉冲头尾比 6∶1 选择
15	d18	TW5	脉冲头尾比 7∶1 选择
16	b28	＋24 V	脉冲头尾比选择
17	b24、z24	JB＋、JB－	脉冲接收器故障报警输出
18	b2、d2	G、GH	轨道继电器吸起条件输出
19	d32	D	地线

说明:电码化选择是内部滤波电路的输入条件,脉冲轨道电路不实施加电码化时或叠加 ZPW-2000 系列电码化时,应把 ZPW-2000 系列电码化选择端子(b18)和电码化选择公共端(z28)连接,否则脉冲接收器直接关断脉冲轨道继电器吸起条件;叠加国内移频电码化时,应选择与叠加电码化频率相同的选择端子(如 b6)与电码化选择公共端(z28)连接。

脉冲头尾比选择是内部判断的输入条件,在现场调试时应确定输入脉冲接收器脉冲波形的头尾比例(可以使用仪表测试,也可以直接读取脉冲轨道测试仪上的头尾电压,头尾比按照四舍五入的方法确定,如 3.2∶1 取为 3∶1,4.6∶1 取为 5∶1),选择相应的头尾比端子(如 d16)与脉冲头尾比选择端(b28)连接。

脉冲频率选择是内部判断的输入条件,脉冲接收器频率应与本区段脉冲发送器的频率相同,选择相应的脉冲频率端子(如 d14)与脉冲频率选择端子(d26)连接。

以上三种类型的跳线,应确保调整时正确连接,并确保两台脉冲接收器的跳线相同。

4. 技术指标

脉冲接收器的技术指标见表 4-7。

表 4-7　脉冲接收器技术指标

序号	项　目	技术指标	备　注
1	吸起门限	波头电压≤12.5 V	交流 50 Hz(或 25 Hz)、176～242 V；轨道继电器为 JWXC-1700
2	落下门限	波头电压≥10 V	
3	轨道继电器电压	≥20 V	
4	吸起延时	2～2.5 s	
5	落下延时	1～1.5 s	

5. 设备安装

脉冲接收器安装在托架组合上，通过接插件与侧面端子连接，接插件采用手拧螺丝紧固，确保可靠接插。

脉冲接收器安装前，首先测试机柜上脉冲接收器电源电压在 176～242 V 范围内，保证电源的正常。脉冲接收器安装在托架上，并用螺丝固定，防止接触不良。

脉冲接收器频率应与本区段脉冲发送器频率相同，输入脉冲电压应满足可靠工作要求，并保证脉冲极性正确。

三、脉冲衰耗器

1. 功能

脉冲衰耗器用于对进入脉冲接收器的脉冲电压幅值进行调整，具有 104 级电平可供选择；指示轨道空闲、占用状态；当脉冲发送器、脉冲接收器故障时为脉冲报警继电器提供报警条件；电气化区段、非电气化区段通用。GMC·QS 型脉冲衰耗器具有数据采集功能，能够采集脉冲发送器、脉冲接收器等设备的工作状态，并向采集处理器传输采集的数据；GMC·QS1 型脉冲衰耗器不具有数据采集功能，其余功能与 GMC·QS 相同。

2. 型号及含义

GMC·QS 型脉冲衰耗器型号含义如图 4-8 所示。

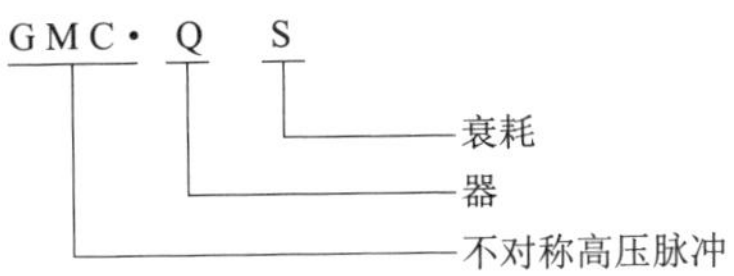

图 4-8　GMC·QS 型号含义

3. 端子定义

脉冲衰耗器电平调整接线端子采用万可端子，信号输入、输出接线端子端子采用 OCT-48 接插件，端子示意如图 4-9 所示。

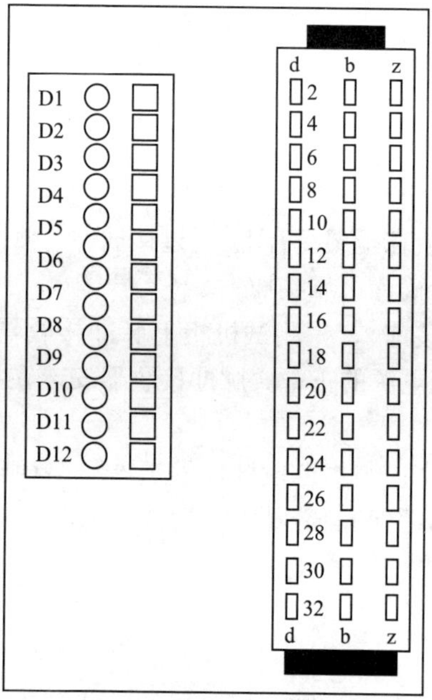

图 4-9 脉冲衰耗器端子示意图

脉冲衰耗器端子定义及用途说明见表 4-8。

表 4-8 脉冲衰耗器端子

序号	端子编号	端子代号	备注
1	b30、d32	+24、024	24 V 电源输入
2	d2、b2	V1、V2	脉冲信号输入
3	d10、b10	ZIN(Z)、GND(Z)	1 路脉冲信号输出
4	d12、b12	ZIN(B)、GND(B)	2 路脉冲信号输出
5	d24	GZ	1 脉冲接收器轨道继电器吸起条件输入
6	b24	GB	2 脉冲接收器轨道继电器吸起条件输入
7	z24	G	轨道继电器吸起条件

续上表

序号	端子编号	端子代号	备注
8	d26、b26、z26	GH	轨道继电器吸起条件共用回线
9	d6、b6	FSDY+、FSDY−	脉冲发送器 220 V 工作电源输入
10	d20、d22	1JSDY+、1JSDY−	1 脉冲接收器 220 V 工作电源输入
11	z28、z30	2JSDY+、2JSDY−	2 脉冲接收器 220 V 工作电源输入
12	d16、b18	FBJ+、FBJ−	FBJ 励磁条件输入
13	b22、z22	1JB+、1JB−	1 脉冲接收器报警条件输入
14	d14、b14	2JB+、2JB−	2 脉冲接收器报警条件输入
15	b16、b28、z16	+24 V	地址选择控制线
16	d4、b4、d8、b8、 z2、z4、z6、z8	A7、A6、A5、A4 A3、A2、A1、A0	地址选择线
17	d28	MBJ	脉冲报警继电器励磁条件
18	d30	MBJ+	脉冲报警继电器电源+
19	z18、d18	BJ1、BJ2	脉冲发送器报警条件输出
20	b20、z20	BJ3、BJ4	脉冲接收器报警条件输出
21	z14	CS	变压器测试端子
22	z10、z12	CANL、CANH	CAN 总线输出
23	b32、z32	D	地线
24	D11、D12		脉冲信号输出电压调整公共端
25	D1、D2、D3、D4、D5、 D6、D7、D8、D9、D10		脉冲信号电压调整

GMC·QS1 型脉冲衰耗器与 GMC·QS 的接口方式相同,除没有采集功能端子外,其余端子及定义与 GMC·QS 端子定义相同。两者供电均采用直流 24 V。

4. 技术指标

脉冲衰耗器技术指标见表 4-9。

表 4-9　脉冲衰耗器技术指标

序号	测试项目	技术指标	备　注
1	空载测试	$U_{d2\text{-}z14}=(7.5\pm1.5)$ V	b2、d2 输入交流 50 Hz、30 V
		$I_{空}\leqslant$120 mA,$U_{D1\text{-}D2}=$14.18 V, $U_{D2\text{-}D3}=$7.09 V,$U_{D4\text{-}D5}=$3.54 V, $U_{D5\text{-}D6}=$1.907 V,$U_{D7\text{-}D8}=$0.545 V, $U_{D8\text{-}D9}=$0.818 V,$U_{D9\text{-}D10}=$0.273 V, 精度为±5%	b2、z14 输入交流 50 Hz、30 V
2	绝缘电阻	≥200 MΩ	DC 500 V
3	绝缘耐压	设备无击穿或闪络现象	50 Hz、1 000 V, 历时 1 min,漏电流 1 mA

5. 设备安装

脉冲衰耗器安装在室内组合托架上,采用接插件与组合侧面连接,接插件采用手拧螺丝紧固,确保可靠接插,电压调整采用万可端子。脉冲衰耗器前面板设有 GJ(B)、GJ(Z)、GJ、轨入、轨出共五个测试塞孔,具有运行、通信、发送、1 接收、2 接收、占用和空闲共七个指示灯(GMC·QS1 型脉冲衰耗器没有通信指示灯),方便现场测试及维护。设备正常使用时应保证已经接入 24V 直流电源,报警电路及前面板状态指示才能正常工作。

脉冲衰耗器电平应根据《电子化不对称高压脉冲轨道电路调整表》选择合适的电平级,脉冲衰耗器电平调整表见表 4-10。

表 4-10　脉冲衰耗器电平调整表

编号	连接端子			编号	连接端子		
1	D11-D10	D12-D9	—	7	D11-D6	D12-D5	—
2	D11-D8	D12-D7	—	8	D11-D10	D12-D5	D6-D9
3	D11-D9	D12-D8	—	9	D11-D8	D12-D5	D6-D7
4	D11-D10	D12-D8	—	10	D11-D9	D12-D5	D6-D8
5	D11-D9	D12-D7	—	11	D11-D10	D12-D5	D6-D8
6	D11-D10	D12-D7	—	12	D11-D9	D12-D5	D6-D7

续上表

编号	连接端子			编号	连接端子		
13	D11-D5	D12-D4	—	41	D11-D8	D12-D3	D2-D4、D5-D7
14	D11-D10	D12-D4	D5-D9	42	D11-D9	D12-D3	D2-D4、D5-D8
15	D11-D8	D12-D4	D5-D7	43	D11-D10	D12-D3	D2-D4、D5-D8
16	D11-D9	D12-D4	D5-D8	44	D11-D9	D12-D3	D2-D4、D5-D7
17	D11-D10	D12-D4	D5-D8	45	D11-D10	D12-D3	D2-D4、D5-D7
18	D11-D9	D12-D4	D5-D7	46	D11-D6	D12-D3	D2-D4
19	D11-D10	D12-D4	D5-D7	47	D11-D10	D12-D3	D2-D4、D6-D9
20	D11-D6	D12-D4	—	48	D11-D8	D12-D3	D2-D4、D6-D7
21	D11-D10	D12-D4	D6-D9	49	D11-D9	D12-D3	D2-D4、D6-D8
22	D11-D8	D12-D4	D6-D7	50	D11-D10	D12-D3	D2-D4、D6-D8
23	D11-D9	D12-D4	D6-D8	51	D11-D9	D12-D3	D2-D4、D6-D7
24	D11-D10	D12-D4	D6-D8	52	D11-D1	D12-D2	—
25	D11-D9	D12-D4	D6-D7	53	D11-D10	D12-D2	D1-D9
26	D11-D2	D12-D3	—	54	D11-D8	D12-D2	D1-D7
27	D11-D10	D12-D3	D2-D9	55	D11-D9	D12-D2	D1-D8
28	D11-D8	D12-D3	D2-D7	56	D11-D10	D12-D2	D1-D8
29	D11-D9	D12-D3	D2-D8	57	D11-D9	D12-D2	D1-D7
30	D11-D10	D12-D3	D2-D8	58	D11-D10	D12-D2	D1-D7
31	D11-D9	D12-D3	D2-D7	59	D11-D6	D12-D2	D1-D5
32	D11-D10	D12-D3	D2-D7	60	D11-D10	D12-D2	D1-D5、D6-D9
33	D11-D6	D12-D3	D2-D5	61	D11-D8	D12-D2	D1-D5、D6-D7
34	D11-D10	D12-D3	D2-D5、D6-D9	62	D11-D9	D12-D2	D1-D5、D6-D8
35	D11-D8	D12-D3	D2-D5、D6-D7	63	D11-D10	D12-D2	D1-D5、D6-D8
36	D11-D9	D12-D3	D2-D5、D6-D8	64	D11-D9	D12-D2	D1-D5、D6-D7
37	D11-D10	D12-D3	D2-D5、D6-D8	65	D11-D5	D12-D2	D1-D4
38	D11-D9	D12-D3	D2-D5、D6-D7	66	D11-D10	D12-D2	D1-D4、D5-D9
39	D11-D5	D12-D3	D2-D4	67	D11-D8	D12-D2	D1-D4、D5-D7
40	D11-D10	D12-D3	D2-D4、D5-D9	68	D11-D9	D12-D2	D1-D4、D5-D8

续上表

编号	连接端子			编号	连接端子		
69	D11-D10	D12-D2	D1-D4、D5-D8	87	D11-D8	D12-D3	D1-D5、D6-D7
70	D11-D9	D12-D2	D1-D4、D5-D7	88	D11-D9	D12-D3	D1-D5、D6-D8
71	D11-D10	D12-D2	D1-D4、D5-D7	89	D11-D10	D12-D3	D1-D5、D6-D8
72	D11-D6	D12-D2	D1-D4	90	D11-D9	D12-D3	D1-D5、D6-D7
73	D11-D10	D12-D2	D1-D4、D6-D9	91	D11-D5	D12-D3	D1-D4
74	D11-D8	D12-D2	D1-D4、D6-D7	92	D11-D10	D12-D3	D1-D4、D5-D9
75	D11-D9	D12-D2	D1-D4、D6-D8	93	D11-D8	D12-D3	D1-D4、D5-D7
76	D11-D10	D12-D2	D1-D4、D6-D8	94	D11-D9	D12-D3	D1-D4、D5-D8
77	D11-D9	D12-D2	D1-D4、D6-D7	95	D11-D10	D12-D3	D1-D4、D5-D8
78	D11-D1	D12-D3	—	96	D11-D9	D12-D3	D1-D4、D5-D7
79	D11-D10	D12-D3	D1-D9	97	D11-D10	D12-D3	D1-D4、D5-D7
80	D11-D8	D12-D3	D1-D7	98	D11-D6	D12-D3	D1-D4
81	D11-D9	D12-D3	D1-D8	99	D11-D10	D12-D3	D1-D4、D6-D9
82	D11-D10	D12-D3	D1-D8	100	D11-D8	D12-D3	D1-D4、D6-D7
83	D11-D9	D12-D3	D1-D7	101	D11-D9	D12-D3	D1-D4、D6-D8
84	D11-D10	D12-D3	D1-D7	102	D11-D10	D12-D3	D1-D4、D6-D8
85	D11-D6	D12-D3	D1-D5	103	D11-D9	D12-D3	D1-D4、D6-D7
86	D11-D10	D12-D3	D1-D5、D6-D9	104	D11-D10	D12-D3	D1-D4、D6-D7

四、脉冲扼流变压器

1. 功能

脉冲扼流变压器适用于电气化区段，内含脉冲工频滤波器。用于传输脉冲信息、导通牵引电流，降低不平衡牵引电流对轨道电路正常工作的干扰。

2. 型号及含义

脉冲扼流变压器型号含义如图 4-10 所示。

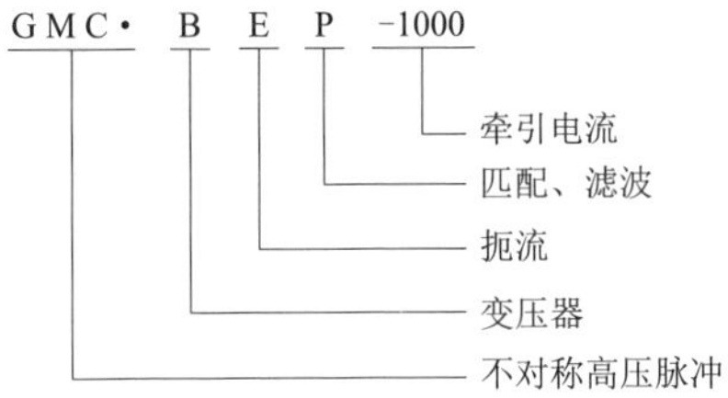

图 4-10　GMC·BEP-1000 型号含义

3. 端子定义

脉冲扼流变压器牵引线圈接线端子采用 M10～M14 铜螺栓，信号线圈接线端子采用 M5 铜螺栓，端子示意如图 4-11 所示。

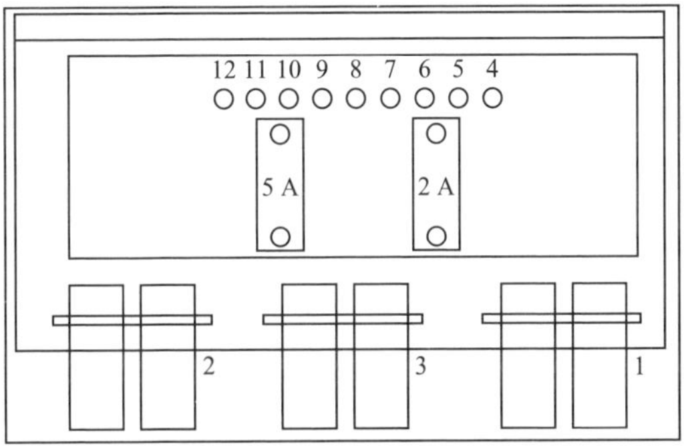

图 4-11　脉冲扼流变压器端子示意图

脉冲扼流变压器端子定义及用途说明见表 4-11。

表 4-11　脉冲衰耗器端子说明

序号	端子编号	用途	备注
1	1、2	牵引线圈端子	接钢轨
2	3	牵引线圈中心接点	接相邻扼流变压器中接点
3	4、5、6、7、8	信号线圈端子	接信号电缆
4	9、10、11	抗干扰线圈	接工频滤波器

4. 技术指标

脉冲扼流变压器技术指标见表 4-12。

表 4-12　脉冲扼流变压器技术指标

测试项目	技术指标	备　注
同名端	1、4、9	
匝比测试	$U_{1\text{-}2}/U_{4\text{-}5}=1:3$、$U_{1\text{-}2}/U_{5\text{-}6}=1:4$ $U_{1\text{-}2}/U_{5\text{-}7}=1:5$、$U_{1\text{-}2}/U_{5\text{-}8}=1:6$ $U_{1\text{-}2}/U_{4\text{-}6}=1:7$、$U_{1\text{-}2}/U_{4\text{-}7}=1:8$ $U_{1\text{-}2}/U_{4\text{-}8}=1:9$	信号侧输入 3 V 电压， 误差为±5%
	$U_{1\text{-}2}/U_{9\text{-}10}=1:7$、$U_{1\text{-}2}/U_{9\text{-}11}=1:12$	GMC・BEP-400/600
	$U_{1\text{-}2}/U_{9\text{-}10}=1:9$、$U_{1\text{-}2}/U_{9\text{-}11}=1:15$	GMC・BEP-800
	$U_{1\text{-}2}/U_{9\text{-}10}=1:8$、$U_{1\text{-}2}/U_{9\text{-}11}=1:13$	GMC・BEP-1000
牵引线圈 25 Hz 未经磁化阻抗	阻抗为 0.15～0.25 Ω	牵引线圈加 25 Hz 0.5 V 电压
不平衡度	不大于 0.5%	

5. 设备安装

脉冲扼流变压器安装在轨旁基础桩上，用螺栓紧固；安装时，钢轨连接线及中点连接板应与变压器可靠连接，并依据《电子化不对称高压脉冲轨道电路调整表》的规定，选择合适的脉冲扼流变压器变比。

五、脉冲匹配变压器

1. 功能

脉冲匹配变压器适用于非电化区段脉冲轨道电路，用于匹配电缆与钢轨阻抗，并可调整脉冲电压幅值。

2. 型号及含义

GMC・BP 型脉冲匹配变压器型号及其含义如图 4-12 所示。

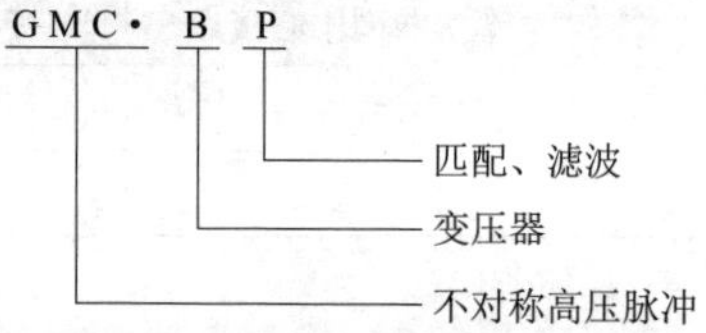

图 4-12　GMC・BP 型号含义

3. 端子定义

脉冲匹配变压器接线端子采用 M6 铜螺栓，端子示意如图 4-13 所示。

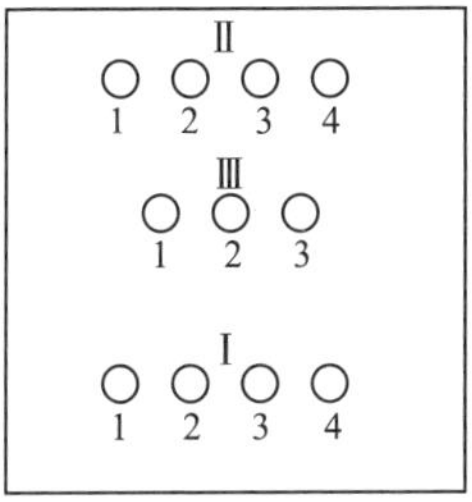

图 4-13　脉冲匹配变压器端子示意图

脉冲匹配变压器端子定义及用途说明见表 4-13。

表 4-13　脉冲匹配变压器端子说明

序号	端子编号	用途	备注
1	I_1、I_2、I_3、I_4	Ⅰ次侧线圈端子	接信号电缆
2	II_1、II_2、II_3、II_4	Ⅱ次侧线圈端子	接轨道
3	III_1、III_2、III_3	Ⅱ次侧线圈端子	接轨道

4. 技术指标

脉冲匹配变压器技术指标见表 4-14。

表 4-14　脉冲匹配变压器技术指标

测试项目	技术指标	备　注
空载电流	380 mA $\leqslant I \leqslant$ 430 mA	I_1-I_4(连接 I_2-I_3) 输入 50 Hz，10 V
空载电压	$U_{\mathrm{II}_1\text{-}\mathrm{II}_2}=2.25\ \mathrm{V}\pm0.112\,5\ \mathrm{V}$； $U_{\mathrm{II}_3\text{-}\mathrm{II}_4}=1.75\ \mathrm{V}\pm0.087\,5\ \mathrm{V}$； $U_{\mathrm{III}_1\text{-}\mathrm{III}_3}=1\ \mathrm{V}\pm0.05\ \mathrm{V}$； $U_{\mathrm{II}_1\text{-}\mathrm{III}_3}$(连 II_2-II_3、II_4-III_1)$=5\ \mathrm{V}\pm0.25\ \mathrm{V}$	I_1-I_4输入 50 Hz，10 V (连接 I_2-I_3)
高压脉冲	$U_{\mathrm{II}_1\text{-}\mathrm{III}_3}=90\ \mathrm{V}\pm15\ \mathrm{V}$	I_1-I_4输入峰头 180 V±5 V (连 I_2-I_3、II_2-II_3，II_4-III_1)

5. 设备安装

脉冲匹配变压器安装在轨旁 XB 箱中，应根据《电子化不对称高压脉冲轨道电路调整表》选择合适的变比。

六、脉冲隔离器

1. 功能

脉冲隔离器用于 GMG-GX 型电子化不对称高压脉冲轨道电路(预)叠加 ZPW-2000 系列(国内移频)电码化系统，用于隔离脉冲电压对电码化发送器的冲击，并为电码化信息提供通路。

2. 型号及含义

GMC·DGL 型脉冲隔离器型号及含义如图 4-14 所示。

3. 端子定义

脉冲隔离器接线端子采用 CA 型 20 芯插座，端子示意如图 4-15 所示。

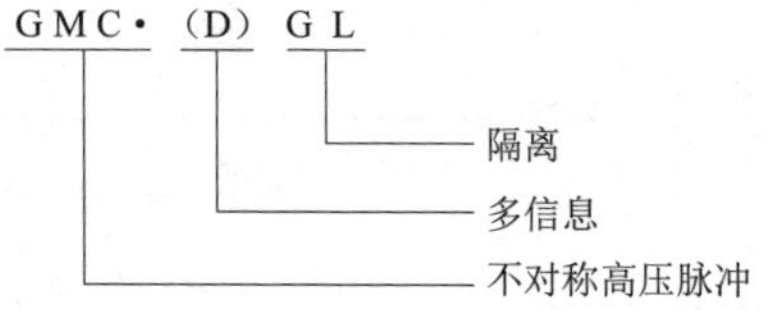

图 4-14　GMC·(D)GL 型号含义

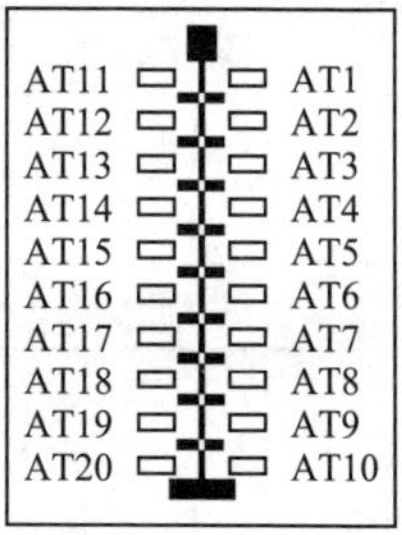

图 4-15　脉冲隔离器端子示意图

GMC·GL 的端子说明见表 4-15，GMC·DGL 的端子说明见表 4-16。

表 4-15　GMC·GL 端子说明

序号	端子编号	用途	备注
1	AT5、AT15	移频信息输入	接电码化发送设备
2	AT6、AT16	移频信息输出	
3	AT12	频率调整端子	
4	AT14、AT18	1 700 Hz 端子	
5	AT13、AT17	2 000 Hz 端子	
6	AT4、AT8	2 300 Hz 端子	
7	AT3、AT7	2 600 Hz 端子	

表 4-16　GMC・DGL 端子说明

序号	端子编号	用途	备注
1	AT5、AT15	移频信息输入	接电码化发送设备
2	AT6、AT16	移频信息输出	
3	AT12	频率调整端子	
4	AT14、AT18	550 Hz 端子	
5	AT13、AT17	650 Hz 端子	
6	AT4、AT8	750 Hz 端子	
7	AT3、AT7	850 Hz 端子	

4. 技术指标

脉冲隔离器的技术参数见表 4-17 和表 4-18。

表 4-17　GMC・GL 技术参数

序号	测试项目	技术指标	备　注
1	ZPW-2000 传输测试	$U_{6\text{-}16}>35$ V	输入 $U_{5\text{-}15}=50$ V
		$U_{9\text{-}19}>0.5$ V	输入 $U_{1\text{-}11}=2$ V
2	脉冲隔离测试	$U_{5\text{-}15}<10$ V	输入 $U_{6\text{-}16}=600$ V
		$U_{9\text{-}19}<10$ V	输入 $U_{1\text{-}11}=600$ V
3	绝缘电阻	≥200 MΩ	DC 500 V
4	绝缘耐压	设备无击穿或闪络现象	50 Hz、1 000 V， 历时 1 min，漏电流 1 mA

表 4-18　GMC・DGL 技术参数

序号	测试项目	技术指标	备　注
1	移频传输测试	$U_{6\text{-}16}>35$ V	输入 $U_{5\text{-}15}=50$ V
2	脉冲隔离测试	$U_{5\text{-}15}<10$ V	输入 $U_{6\text{-}16}=600$ V
3	绝缘电阻	≥200 MΩ	DC 500 V
4	绝缘耐压	设备无击穿或闪络现象	50 Hz、1 000 V， 历时 1 min，漏电流 1 mA

5. 设备安装

脉冲隔离器安装于室内组合托架上，应根据叠加电码化的载频频率，选择合适的频率连接端子。

七、采集处理器

1. 功能

ZPW·JC 型采集处理器用于将轨道电路采集终端设备(脉冲衰耗器)采集到的数据汇总、处理,并以区段为单位将轨道电路信息实时发送给集中监测站机。

2. 型号及含义

ZPW·JC 型采集处理器型号及其含义如图 4-16 所示。

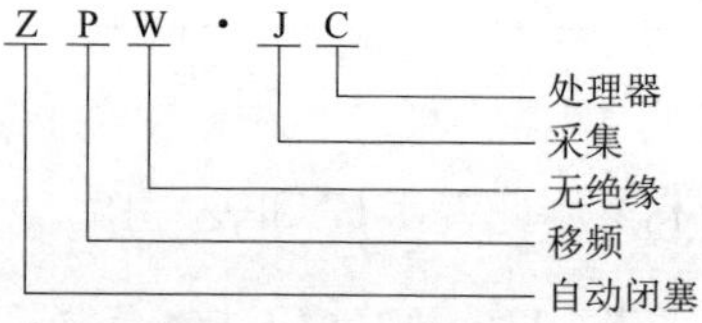

图 4-16 ZPW·JC 型号含义

3. 端子定义

ZPW·JC 型采集处理器的端子使用及指示灯示意如图 4-17 所示。

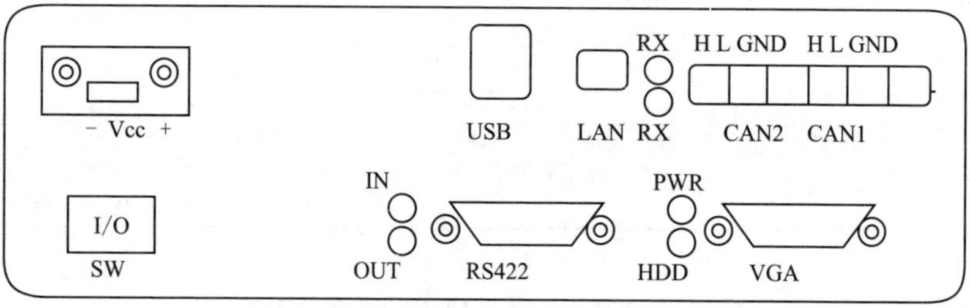

图 4-17 采集处理器指示灯及端子示意图

接口及指示灯使用说明:

V_{CC}:直流 24 V 电源输入;

USB:USB 串口接口;

RS422:422 串口接口;

CAN1:第一组 CAN 接口输入,包括 H、L 和 GND;

CAN2:第二组 CAN 接口输入,包括 H、L 和 GND;

LAN:TCP/IP 接口;

VGA:显示器/监视器接口;

RX(上):CAN1 收到数据,闪烁,绿色;

RX(下):CAN2 收到数据,闪烁,绿色;

IN:RS422 收到数据,闪烁,橙色;

OUT:RS422 发出数据,闪烁,绿色;

PWR:工控机运行,常亮,绿色;

HDD:硬盘读写,闪烁,橙色;

SW(I/O):工控机软启动。

系统通过脉冲衰耗器采集发送设备(室内)和接收设备的工作参数,并传输给上位机进行显示。

进入显示 CAN 通信数据界面,可查看设备的 CAN 数据和解析数据。

第三节　工程设计

一、电源要求

1. 脉冲发送器和脉冲接收器采用 50 Hz(或 25 Hz)、176～242 V 交流电源供电,每台脉冲发送器的供电功率应不小于 100 VA,每台脉冲接收器的供电功率应不小于 20 VA。

2. 脉冲衰耗器采用 23.5～24.5 V 直流电源供电,每台脉冲衰耗器的供电功率应不小于 10 VA。

二、极性交叉

相邻脉冲轨道电路区段均应按极性交叉且频率交错的原则设计,以满足轨道电路绝缘破损防护的要求。

三、补偿电容设置

脉冲轨道电路(预)叠加 ZPW-2000 系列电码化时,轨道区段长度大于 300 m 时,应按照等间距方式设置补偿电容。补偿电容容值要求如下:

1. 基准载频为 1 700 Hz、2 000 Hz 时,补偿电容容值为 80 μF;

2. 基准载频为 2 300 Hz、2 600 Hz 时,补偿电容容值为 60 μF。

四、电缆使用原则

1. 脉冲发送器放置在室内时,送电端电缆环阻应不大于 50 Ω;脉冲发送器仿真在室外时，应考虑供电电缆的压降，传输至脉冲发送器的电压应满足其工作电源要求。

2. 受电端电缆环阻应不大于 100 Ω。

五、防　雷

脉冲轨道电路设备的 220 V 电源输入端口和脉冲发送器功出端口均应设置防雷模块。

脉冲发送器室内设置时，防雷模块安装于室内脉冲轨道柜内；脉冲发送器室外设置时，脉冲接收器的 220 V 电源输入端口防雷模块安装于室内脉冲轨道柜内，脉冲发送器电源端口、功出端口防雷模块安装于 XB 箱内。

六、轨道电路停电监督

轨道电路停电监督设计，需要设计单位统筹考虑全站各制式轨道电路电源使用情况、各轨道电路系统配置情况、各轨道电路系统延时、联锁采集以及用户对联锁进路运用的需求等综合因素。对脉冲轨道电路停电监督建议如下：

1. 脉冲轨道电路系统设备上电初始化时间不超过 1 s；

2. 脉冲轨道电路轨道继电器吸起延时 2～2.5 s；

3. 脉冲轨道停电监督电路，建议采用 JZXC-20000 型交流整流继电器，同时考虑上述各种综合因素。

七、道岔区段分支设置

道岔区段轨道电路分支设置要求见表 4-19。

表 4-19　分支设置要求

类型		分支设置要求	极限长度
道岔区段	一送一受	最多可以设置两个不超过 65 m 的无受电分支，最多只能有一台空扼流变压器且 5 A 断路器应断开	400 m
	一送两受	最多可以设置两个不超过 65 m 的无受电分支，分支均不能设置有空扼流变压器；设置有空扼流变压器的无受电分支，分支只能有一个且长度不超过 65 m，空扼流变压器中 5 A断路器应断开	
	一送三受	不能设置无受电分支	

八、机柜布置图

脉冲轨道柜设备布置如图 4-18 所示。

GM1　　脉冲轨道柜

层	名称						
11	四柱	1 2 275VB	D1	D2	D3	D4	D5
10	断路器	DLQ1 RD1 RD2	DLQ2 RD3	DLQ3 RD5 RD6	DLQ4 RD7 RD8	DLQ5 RD9 RD10	

9 GMC·ZFL	1/2/3	4/5/6	7/8/9	10/11/12	13/14/15	16/17/18	19/20/21	22/23/24	25/26/27	28/29/30	31/32/33	34/35/36
	1DGF	D1GF	D9GF									
	NFL	NFL	NFL	NFL	NFL	NFL	NFL	NFL	NFL	NFL	NFL	NFL

8 GMC·JS	1	2	3	4	5	6
	1DG 1JS	1DG 2JS	1DG SH	D1G SH	D1G 1JS	D1G 2JS
	GMC·QJ	GMC·QJ	GMC·QS	GMC·QS	GMC·QJ	GMC·QJ

7 GMC·JS	1	2	3			
	D9G 1JS	D9G 2JS	D9G SH			
	GMC·QJ	GMC·QJ	GMC·QS			

6 GMC·FS	1	2	3
	1DG	D1G	D9G
	GMC.QF1	GMC.QF1	GMC.QF1

5 GMC·ZG	1/2	3/4	5/6	7/8	9/10	11/12	13/14	15/16	17/18	19/20	21/22	23/24
	1DG	D9G										
	D1G											
	ZG	ZG	ZG	ZG	ZG	ZG	ZG	ZG	ZG	ZG	ZG	ZG

4 GMC·GJ	1	2	3							10
	1DG GJ	D1G GJ	D9G GJ							MBJ
	JWXC-1700	JWXC-1700	JWXC-1700							JWXC-1700

3 GMC·TDJD	1	2	3	4	5					
	JZXC-20000									

层	名称	内容
2	GMC·JC	JC / ZPW.JC
1		

图 4-18　脉冲轨道柜设备布置图

第四节　设备及系统调试

一、设备调试

1. 单项调试

(1)供电设备应符合下列要求：

①电源屏的交流输出应满足在176～242 V之间，直流输出应满足在23.5～24.5 V；输出电压超过偏差范围，电源屏应能发出声光报警。

②电源屏两路输入交流电源中的任何一路发生断电或断相时，应能自动切换到另一路电源供电，并具备手动装换和直供功能。

③主、备电源的转换时间(自动或手动)不应大于0.15 s。

④输入、输出断路器(熔断器)在短路、过流时应能可靠断开，过流值应符合产品说明书的规定。

⑤各种输出电源的额定输出电压、最大输出电流、输出电源对地绝缘电阻、对地漏泄电流应符合设计要求和产品说明书的规定。

⑥电源屏的表示报警功能应正常。

(2)脉冲轨道电路单项调试应符合下列要求：

①断开机柜的零层断路器后，给机柜送电，检查有无混电现象，核对机柜电源的电压和极性符合要求后，逐柜合上断路器；

②脉冲发送器在调试过程中严禁空载，调整功出接线或限流电阻接线时应关断电源。

2. 脉冲发送器调试

(1)脉冲频率调整

脉冲发送器分为F1(3.3 Hz)、F2(3.9 Hz)两种频率，现场使用时应根据设计要求选择脉冲频率。

脉冲发送器采用GMC·QF1(或GMC·QF2)，选择F1(3.3 Hz)时连接b1-b5，选择F2(3.9 Hz)时连接b4-b5；

脉冲发送器采用GMC·QF1-W(或GMC·QF2-W)，选择F1(3.3 Hz)时连接+24-F1，选择F2(3.9 Hz)时连接+24-F2。

(2)功出电压调整

脉冲发送器功出电压3挡可调，分别为340 V挡、440 V挡和540 V挡，可根据《电子化不对称高压脉冲轨道电路调整表》的要求选择功出电压。

使用GMC·QF1(或GMC·QF2)时，340V挡连接a6-a7，440 V挡连接a6-c7，540V挡连接a6-a8。

使用GMC·QF1-W(或GMC·QF2-W)时，340 V挡连接FS0-V1，440 V挡连接FS0-V2，540 V挡连接FS0-V3。

(3)限流电阻调整

GMC·QF1(或GMC·QF2)型脉冲发送器内有20 Ω的限流电阻，通过连接不同端子，接入电路的阻值为0 Ω、5 Ω、10 Ω、15 Ω、20 Ω五种，脉冲发送器限流电阻接入电路阻值与电缆环阻之和不得小于30 Ω。

接入0 Ω时连接a2-c2；

接入5 Ω时连接a2-a4；

接入10 Ω时连接a2-a3；

接入15 Ω时连接a2-c3；

接入20 Ω时不需接线。

GMC·QF1-W(或GMC·QF2-W)型脉冲发送器内有30 Ω的限流电阻，使用时30 Ω全部接入电路。

3. 脉冲接收器调试

脉冲接收器调试主要包括脉冲频率选择、电码化频率选择、脉冲信号头尾比选择及确定脉冲信号极性。

脉冲频率选择是内部判断的输入条件，有且只能有一个频率条件。脉冲接收器频率应与本区段脉冲发送器的频率相同，选择F1(3.3 Hz)时连接d14-D26，选择F2(3.9 Hz)时连接b14-D26。

电码化频率选择是内部判断的输入条件，有且只能有一个频率条件，否则脉冲接收器将不驱动轨道继电器吸起。频率选择如下：

(1)脉冲轨道电路区段不实施电码化或叠加ZPW-2000系列电码化时，应连接b18-z28；

(2)叠加国内移频电码化时，载频为550 Hz时连接d6-z28，载频为650 Hz时连接b6-z28，载频为750 Hz时连接d8-z28，载频为850 Hz时连接 b8-z28。

脉冲头尾比选择是内部判断的输入条件,有且只能有一个频率条件,否则脉冲接收器将不驱动轨道继电器吸起。在现场调试时应确定输入脉冲接收器脉冲波形的头尾比例(可以使用仪表测试,也可以直接读取脉冲轨道测试仪上的头尾电压,头尾比按照四舍五入的方法确定,如 3.2∶1 取为 3∶1,4.6∶1 取为 5∶1),选择相应的头尾比端子与脉冲头尾比选择端连接。头尾比选择端子见表 4-20。

表 4-20　头尾比选择端子

头尾比	3∶1	4∶1	5∶1	6∶1	7∶1
端子连接	b28-z14	b28-d16	b28-b16	b28-z16	b28-d18

以上三种类型的条件选择,应确保正确连接,并确保两台脉冲接收器的接线相同。在调试完成后,需对接线更改时,应重新确定脉冲频率、电码化频率选择和脉冲信号头尾比后进行相应更改,并应确保连接正确。

应对脉冲信号的极性进行测试,b12 为正脉冲端子,z12 为负脉冲端子,极性接反时脉冲接收器将不驱动轨道继电器吸起。

4. 脉冲衰耗器调试

脉冲衰耗器调试包括输出电平调试、报警电路调试、轨道继电器驱动通路和数据采集电路调试。

脉冲衰耗器电平应根据《电子化不对称高压脉冲轨道电路调整表》选择合适的电平级,按照表 4-20 的要求接线,确保脉冲衰耗器"轨出"电压符合要求。

检查轨道继电器驱动通路的接线,应确保接线正确,保证能够实施脉冲接收器双机并用。

脉冲发送器室内设置,对脉冲衰耗器报警电路调试时,应确保各报警条件输入接线正确(FBJ 条件,JB+、JB−条件,与脉冲发送器和脉冲接收器对应的端子相连接),各报警条件输出接线正确(d30 接 z18、d18 接 b20),脉冲衰耗器所监测的脉冲发送器和脉冲接收器可靠工作时,d28 与 z20 应导通。

脉冲发送器室外设置,对脉冲衰耗器报警电路调试时,应确保各报警条件输入接线正确(JB+、JB−条件,与脉冲接收器对应的端子相连接),

各报警条件输出接线正确(d30 接 b20),脉冲衰耗器所监测的脉冲接收器可靠工作时,d28 与 z20 应导通。

检查脉冲衰耗器的地址线、数据采集的接线,应确保接线正确,数据采集调试在采集处理器、信号集中监测站机调试时进行。

脉冲发送器(室内)工作正常时,脉冲衰耗器前面板上"发送"绿灯亮;脉冲接收器工作正常时,脉冲衰耗器前面板上"1 接收""2 接收"绿灯亮,测试"GJ(Z)""GJ(B)""GJ"塞孔应有不小于 20 V 的直流电压;轨道区段空闲时,脉冲衰耗器上"空闲"绿灯亮,轨道区段占用时"占用"红灯亮,脉冲衰耗器通电后,"运行"绿灯闪;数据采集通信正常时,"通信"绿灯闪。

5. 脉冲扼流变压器调试

电化区段采用脉冲扼流变压器,端子 1、2 接钢轨,根据《电子化不对称高压脉冲轨道电路调整表》选择合适的变比。选择不同变比接线如下:

3∶1 时分别接端子 4、5;

4∶1 时分别接端子 5、6;

5∶1 时分别接端子 5、7;

6∶1 时分别接端子 5、8;

7∶1 时分别接端子 4、6;

8∶1 时分别接端子 4、7;

9∶1 时分别接端子 4、8。

调试正常工作时,应确保脉冲扼流变压器中的 2 A 和 5 A 的断路器接通。

6. 脉冲匹配变压器调试

非电化区段使用脉冲匹配变压器,脉冲匹配变压器的Ⅰ1、Ⅰ4 接脉冲发送器功出端子(或电缆),Ⅱ1-Ⅱ4 和Ⅲ1-Ⅲ3 接钢轨。根据《电子化不对称高压脉冲轨道电路调整表》选择合适的变比,接线按照脉冲匹配变压器端子调整表(贴于变压器上)进行。

7. 脉冲隔离器

脉冲轨道电路叠加电码化时,应按照电码化载频频率选择脉冲隔离器的频率跳线。

8. 应确保电缆线路接线正确,无短路、断线故障。

二、系统调试

1. 所需仪器仪表

脉冲轨道电路系统调试所需仪器仪表见表 4-21。

表 4-21　所需仪器仪表

序号	仪表及设备	数量	备注
1	CD96-3Z 或示波器	1	测试脉冲信号
2	数字万用表	1	测试继电器电压及电源电压
3	分路残压定压测试器(0.15 Ω)	1	分路

2. 系统调试

(1)调整状态时,在规定的传输条件下,轨道电路应满足一次调整。

(2)调整状态时,脉冲接收器轨出波头电压应不小于 15 V,轨道继电器应不小于 20 V,并能可靠工作。脉冲轨道电路的调整应根据《电子化不对称高压脉冲轨道电路调整表》进行。

(3)调试在晴天进行时,脉冲接收器轨出电压应调整至 25 V 左右;调试在雨天进行时,脉冲接收器轨出电压应调整至 18 V 左右。

若电压偏高,则可进行如下调整:

①降低脉冲发送器功出电压挡位或增加脉冲发送器接入的限流电阻值。

②适当减小脉冲衰耗器电平。

若电压偏低,则可进行如下调整:

①提高脉冲发送器功出电压挡位。

②适当增大脉冲衰耗器电平。

(4)在脉冲轨道电路区段内,任何地点用标准分路电阻(0.15 Ω)对钢轨进行分路时,脉冲接收器输入脉冲波头电压应不大于 8.5 V;不能满足要求时,应查找原因,重新调试。

3. 检查脉冲接收器双机并用

脉冲轨道电路接收器双机并用试验时,分别关断主机(1 接收)和并机(2 接收)的电源,轨道继电器(GJ)不应落下,否则应检查脉冲接收器和脉冲衰耗器的配线是否错误,是否有脉冲接收器或脉冲衰耗器故障。

4. 报警电路调试

脉冲轨道电路任一脉冲发送器、脉冲接收器故障时，脉冲报警应正确。试验时脉冲报警继电器(MBJ)应在吸起状态下进行。分别断开每台脉冲发送器电源、脉冲接收器电源，MBJ 均应失磁落下报警。

5. 极性交叉设置

脉冲轨道电路与 25 Hz 相敏轨道电路、移频轨道电路相邻时，绝缘单、双破损均具有良好的防护性能，无须设置极性交叉。

脉冲轨道电路与脉冲轨道电路相邻时，应确保绝缘节两边脉冲极性相反，如图 4-19 所示。

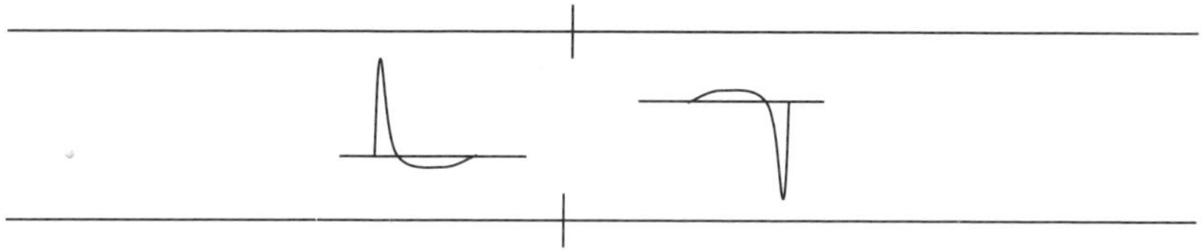

图 4-19　相邻区段极性交叉设置

6. 其他试验

脉冲轨道电路在营业线上施工时不具备室内、外连接试验的条件下，采用模拟盘完成轨道电路室内部分功能试验，采用对设备电压测试的方法进行通道传输性能试验，并符合下列要求：

(1)利用模拟盘对分线盘以内轨道电路设备、联锁关系进行功能试验，确认其正确性。

①脉冲发送器、脉冲接收器、脉冲衰耗器应根据《电子化不对称脉冲轨道电路调整表》的要求进行调整；

②模拟盘通过开关模拟区段占用，完成各项模拟试验。

③根据站场轨道区段的数量制作轨道模拟盘。

(2)通道传输性能试验：

①将室外设备按施工要求连接在一起，不接钢轨，在送端脉冲扼流变压器(或匹配变压器)钢轨侧接 5 Ω 电阻，测试负载上的脉冲电压幅值及变比应满足要求。

②若测试不到电压或电压幅值较低，一般应为传输通路故障或是变压器变比连接不正确。

第五节　系统维护

一、维护要求

维护单位应在脉冲轨道电路系统投入使用前，按照《普速铁路信号维护规则》和脉冲轨道电路相关行业标准要求，同施工单位进行移交，对维护人员进行培训，使每一名技术人员熟悉脉冲轨道电路系统，掌握脉冲轨道电路维护要求和维护标准。

维护负责人应具有 5 年以上工作经验，操作人员应具备 2 年以上工作经验，并应有维修和故障处理的工作记录。

二、维护内容及方法

1. 日常维护

日常维护的主要目的是积累经验和及早发现故障，应按照电子化不对称高压脉冲轨道电路测试表对脉冲轨道电路数据进行测试，测试内容如下：

(1)脉冲发送器的电源电压；

(2)脉冲发送器功出电压及发送频率；

(3)发送端和接收端轨面峰值电压；

(4)脉冲衰耗器轨出电压；

(5)测试时的天气情况。

将当次测试记录和前一次的测试记录进行比较，若数据变化较大，维护人员应分析引起变化的原因，如有必要，应向主管报告。

建议日常维护测试每月至少进行一次。

2. 定期维护

轨道电路检修周期为 6 个月，建议检修时间为干燥天气和潮湿天气轮换进行。对新安装的设备在尚未摸清规律之前，建议缩短检修周期。

应定期对供电电源进行检查，确保其满足系统工作要求。

应定期对工作环境进行检查，确保满足系统工作环境要求。

应对脉冲轨道继电器进行检修，确保轨道继电器失磁能够可靠落下。

应对迂回回路防护措施进行检查，确保采取的措施没有被降低。

应每季度检查轨道电路钢轨及道岔跳线是否完好，确保脉冲轨道电路完整。

应每月检查脉冲发送器功出电压值，超出正常值 50 V 以上时，应更换脉冲发送器。

应每月对脉冲轨道电路区段轨面进行检查，对锈蚀严重的区段应采取措施，降低轨面锈蚀程度，使轨道区段有车占用时能可靠分路。

应每月检查脉冲扼流变压器是否有断线情况，用脉冲仪表测试脉冲扼流变压器中 GPL 的端子Ⅰ、Ⅱ间的电压值，正常时脉冲波头电压在 30 V以上，断线时电压近乎为零。断线时应判断是 5 A 断路器断开还是扼流变压器断线，5 A 断路器断开的，应接通断路器，脉冲扼流变压器断线的，应更换脉冲扼流变压器。

系统日常维护时，必须保证维护前和维护后的配线相同；必须保证更换的备品备件是本系统的备品备件。

第六节　故障处理

一、设备工作条件

脉冲轨道电路设备正常工作时，应满足相应的配置条件，具体如下：

1. 脉冲发送器正常工作输入条件

(1)电源电压为 50 Hz、220 V(或 25 Hz、220 V)，范围为 176～242 V；

(2)有且只有一个脉冲频率条件；

(3)有且只有一个电平选择条件；

(4)输出不能空载，负载可为感性负载或阻性负载。

2. 脉冲衰耗器正常工作输入条件

(1)电源电压为直流 24 V，范围为 23.5～24.5 V；

(2)发送报警条件接线正确；

(3)接收报警条件接线正确；

(4)轨道信号输入、输出接线正确；

(5)主机、并机信号输出接线正确；

(6)电平接线正确。

3. 脉冲接收器正常工作输入条件

(1)电源电压为 50 Hz、220 V(或 25 Hz、220 V)，范围为 176～242 V；

(2)有且只有一个脉冲频率条件；

(3)有且只有一个头尾比选择条件；

(4)有且只有一个电码化频率选择条件；

(5)脉冲接收器的输入脉冲信号极性正确；

4. 轨道继电器可靠吸起的条件

(1)室内外各设备应工作正常，各设备输出指标满足调整表要求；

(2)传输通道配线正确；

(3)脉冲接收器轨出波头电压大于或等于 15 V。

二、故障分类

故障分类大致可分为三种：脉冲区段红光带、脉冲报警、监测数据中断。故障分类示意如图 4-20 所示。

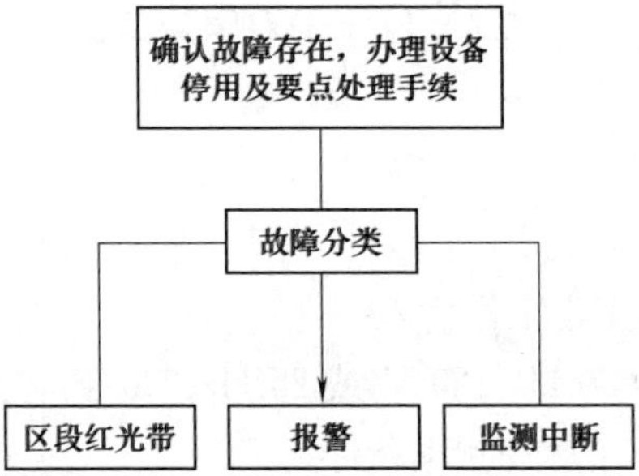

图 4-20　故障分类示意图

三、处理流程

(1)若现场如出现系统问题，先对故障进行分类，按信号流向逐一测试查找问题。

(2)脉冲轨道电路报警故障处理流程如图 4-21 所示。

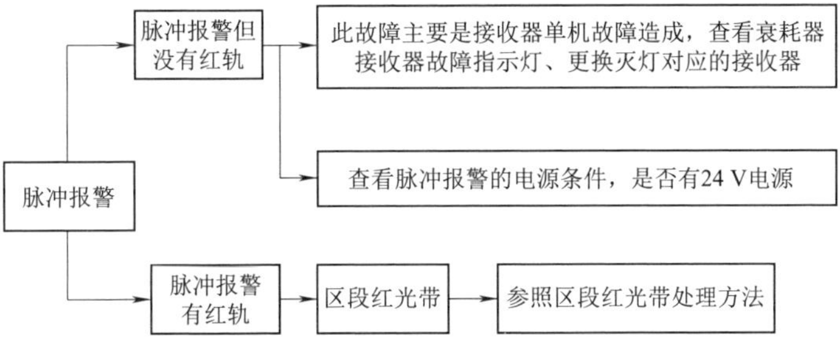

图 4-21　脉冲报警处理流程示意图

(3)脉冲数据丢失或监测中断等问题的处理流程如图 4-22 所示。

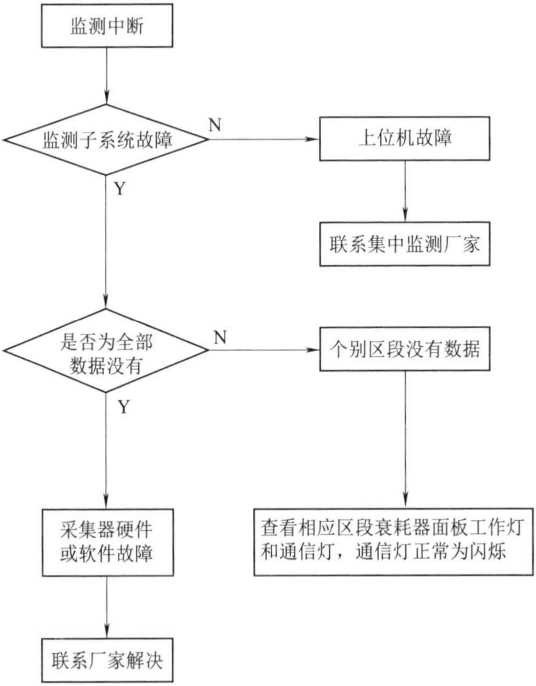

图 4-22　监测中断故障处理流程图

(4)脉冲区段出现红光带时的处理流程如图 4-23 所示。

对脉冲轨道电路进行测试前，应先检查各设备供电情况是否良好。

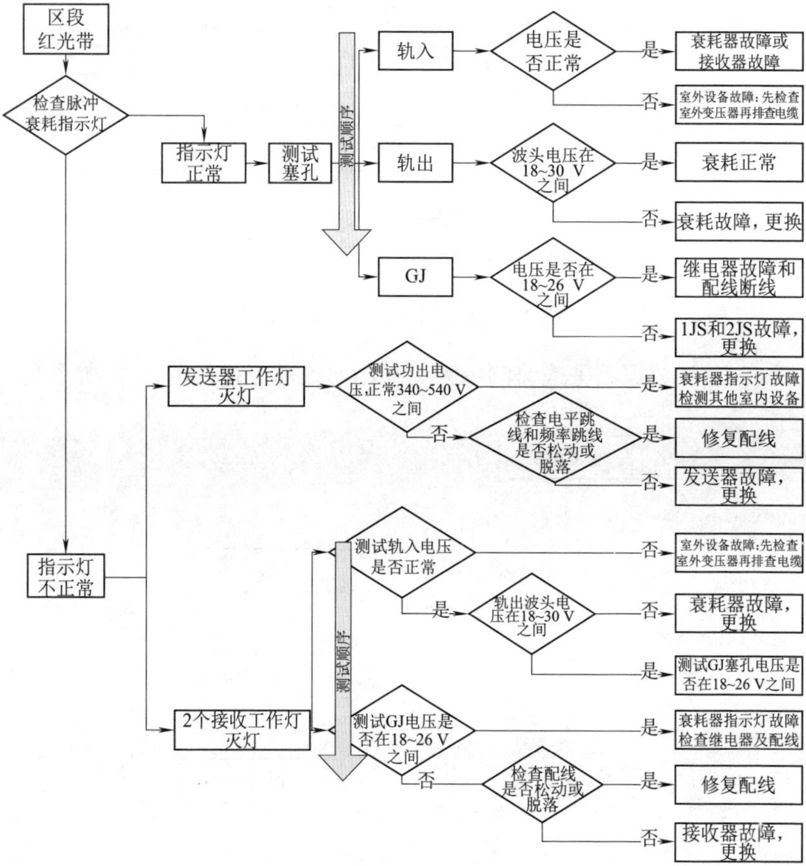

图 4-23　区段红光带处理流程图

三、常见故障

脉冲轨道电路系统故障现象及处理方法汇总见表 4-22。

表 4-22　故障现象、原因分析及处理方法

序号	故障现象	原因分析	处理方法
1	脉冲发送器无输出	未接通电源	接通电源
		脉冲频率、功出电压挡配线错误	重新配线
		脉冲发送器故障	更换设备

续上表

序号	故障现象	原因分析	处理方法
2	送端分线盘处无电压	脉冲发送器至分线盘断线	检查配线
3	室外变压器输入无电压	送端电缆故障	检查电缆线路
4	送端轨面无电压	室外变压器故障	更换变压器
		箱内断路器故障	更换断路器
5	受端轨面无电压或电压很小	轨距杆击穿	更换轨距杆绝缘
		轨道电路被分路	取消轨道电路分路装置
6	受端室外变压器无输出	室外变压器故障	更换变压器
		箱内断路器故障	更换断路器
7	受端分线盘无电压	受端电缆故障	检查电缆线路
8	脉冲衰耗器轨入无电压	受端分线盘至脉冲衰耗器线路故障	检查配线
9	脉冲衰耗器轨出无电压	脉冲衰耗器电平没有跳线	检查电平配线
		脉冲衰耗器故障	更换脉冲衰耗器
10	脉冲衰耗器发送灯不亮	脉冲发送报警条件没有连接	检查配线
		脉冲发送器故障	更换脉冲发送器
		脉冲衰耗器故障	更换脉冲衰耗器
11	脉冲衰耗器接收灯不亮	脉冲接收报警条件没有连接	检查配线
		脉冲接收器故障	更换脉冲接收器
		脉冲衰耗器故障	更换脉冲衰耗器
12	脉冲接收器输入正常，输出无直流 24 V	脉冲接收器宕机	拔掉电源重接
		脉冲频率跳线错误	检查配线
		脉冲头尾比跳线错误	检查配线
		电码化频率跳线错误	检查配线
		脉冲极性错误	调整脉冲极性
13	脉冲接收器有 24 V 直流输出，GJ 不吸起	脉冲接收器输出至脉冲衰耗器的接线故障	检查配线
		脉冲衰耗器故障	更换脉冲衰耗器
14	脉冲接收器脉冲电压波动大	原硒堆未拆除	拆除原有器件
		防雷元件被击穿	摘除后若故障情况消失，更换防雷元件
15	轨面波头波尾比接近 1∶1 且电压异常	扼流变压器抗干扰线圈未接入电容	滤波器接线端子错误导致滤波器不谐振

第五章　不对称高压脉冲轨道电路的计算及仿真

随着不对称高压脉冲轨道电路的大范围使用，必然带来大量的现场计算问题，包括传输长度、道砟电阻的使用限制。目前业内普遍采用在实验室搭建实物测试环境，采用人工测试的方法对现场环境进行遍历模拟，耗时耗力且准确度低。所以建立不对称高压脉冲轨道电路的计算机仿真模型，对于减少人工和时间成本具有重要的意义。

随着计算机仿真技术的兴起，传统的 25 Hz 相敏轨道电路、ZPW-2000 系列轨道电路、UM2000 轨道电路都已告别了人工测试，普遍利用计算机仿真技术进行轨道电路的计算、分析与研发，而脉冲轨道电路计算机仿真方面的研究还未见报道，究其原因是因为上述三种轨道电路传输的均是单频点信号，都可以用正弦信号进行模拟，所以早已有成熟的数学和电路模型。而不对称高压脉冲轨道电路传输的是脉冲信号，没有一个准确的数学模型可以表征，所以目前只能通过人工测试进行模拟。

轨道电路受外部环境影响很大，测试不能全部覆盖，而利用计算机仿真模型可遍历各种应用场景进行轨道电路的传输特性分析，包括道砟电阻、补偿电容对轨面电压、接收端电压等关键指标的影响。

本章通过分析不对称脉冲轨道电路的宽频信号特征，选择扫频法或有限元分析法获得设备的频变参数，利用矢量匹配法建立不对称高压脉冲轨道电路系统的计算机仿真模型，并基于此模型进行了传输特性分析。

第一节　计算方法及流程

采集实际发送设备输出的脉冲波形，进行 FFT 频谱分析，得到脉冲信号的频谱如图 5-1 所示，从中可以看出脉冲信号具有如下特点：

(1)脉冲信号是一个宽频带的信号；

(2)频谱中频率越高,能量越低;

(3)脉冲信号的能量主体集中在低频段,其中 3 000 Hz 以下信号能量占比 95%以上。

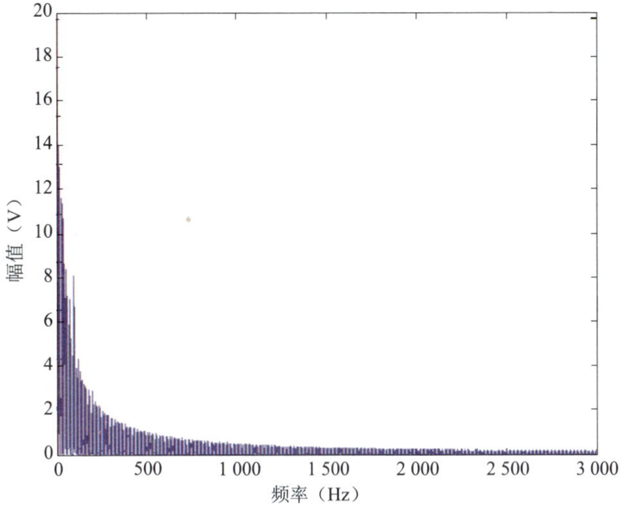

图 5-1　脉冲信号频谱分布图

由此可见,作为一个具有宽频带特性的脉冲信号,不存在像单一频率信号那样的数学模型;而且轨道电路的变压器、钢轨等主要设备,都表现出明显的频变特性,因此选择构建脉冲轨道电路的宽频模型来实现不对称高压脉冲轨道电路的计算机仿真,具有频变特性设备的建模过程如图 5-2 所示。

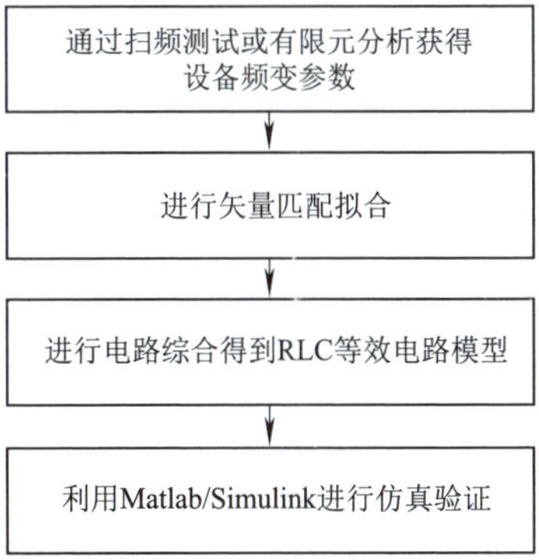

图 5-2　频变设备宽频建模流程图

第二节　轨道变压器宽频建模及验证

不对称高压脉冲轨道电路依据机车牵引类型不同来选择轨旁的匹配变压器类型，其中扼流变压器应用于电气化牵引区段，轨道变压器应用于非电气化牵引区段，本书以轨道变压器为例来说明变压器宽频建模的具体过程。

一、矢量匹配法简介

矢量匹配法(Vector Fitting)是一种能快速收敛且能保持函数稳定性的有理函数拟合方法[10]。这种方法具有简洁、快速、稳定、无数值病态问题的优点，是一种流行的宏模型提取方法和频域线性系统拟合的工具。

矢量匹配法采用有理分式的形式来对频率响应 $f(s)$进行拟合，具体算法可参见参考文献[10]，最后得到部分分式和形式为：

$$f(s)=\sum_{i=1}^{N}\frac{c_i}{s-p_i}+d+se \tag{5-1}$$

其中，N 为拟合的阶数，留数 c_i 和极点 p_i 为实数或共轭复数对，而常数项 d 和一次项 e 为可选项，且均为实数。

二、建模过程

1. 频变参数获取

基于变压器 Γ 型等效电路模型(悬臂型等效电路)，如图 5-3 所示，共有变比 k、短路阻抗 Z_σ、开路阻抗 Z_m 三个变量，其中，变比 k 通过匝比数获得，开路和短路参数通过扫频法测试获得，测试仪器为频率响应分析仪和功率放大器，扫频范围选择 0～3 000 Hz。

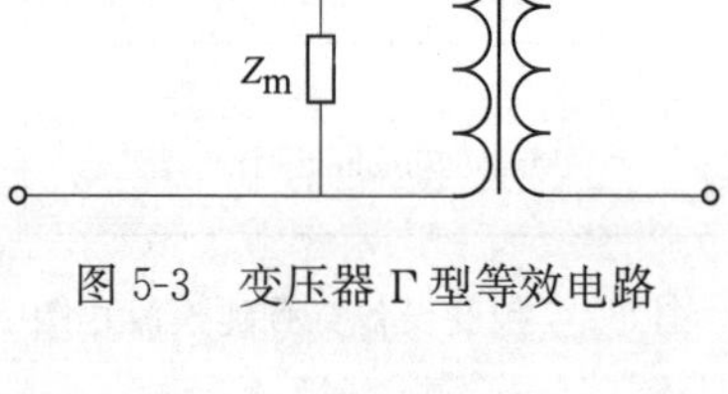

图 5-3　变压器 Γ 型等效电路

2. 矢量匹配拟合

根据扫频获得的开短路参数进行矢量匹配拟合，此处开路参数拟合阶数 $N=6$，获得极点及留数信息见表 5-1，短路参数拟合阶数 $N=3$，获得极点及留数信息见表 5-2。变压器开短路参数的测量数据与拟合数据误差曲线如图 5-4 所示，拟合误差在接受范围内。

表 5-1 开路参数矢量匹配拟合极点、留数列表

序号	极点	留数
1	-0.0889	0.3538
2	-1.7914×10^2	0.0448
3	-2.7076×10^2	0.0215
4	-3.0495×10^3	0.0799
5	$-1.6303\times10^1-1.5258\times10^2i$	$-0.0040-0.0007i$
6	$-1.6303\times10^1+1.5258\times10^2i$	$-0.0040+0.0007i$

表 5-2 短路参数矢量匹配拟合极点、留数列表

序号	极点	留数
1	-8.6565×10^3	4.4146
2	-6.1209×10^2	1.5394×10^2
3	-0.5869	0.1405

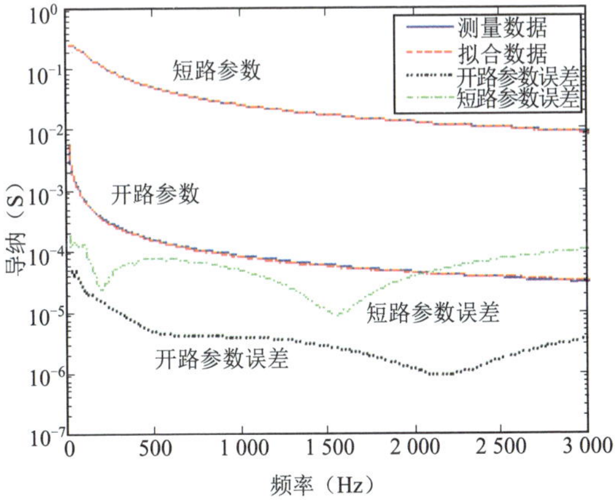

图 5-4 轨道变压器开短路参数幅频特性

3. 电路综合

根据矢量匹配拟合获得极点、留数的类型，对应不同的电路结构进行电路综合[11]，电路结构与极点类型对应关系如表 5-3 所示。

表 5-3　电路综合结构参数对应表

表达式	特征	等效电路结构
d	常数项	
se	一次项	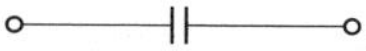
$\frac{c_i}{s-p_i}$	实数极点	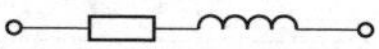
$\frac{c_1}{s-p_1}+\frac{c_2}{s-p_2}$	共轭复数极点对	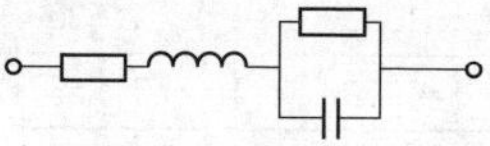

最终结合变压器的 Γ 型等效电路和电路综合结构对应表 5-3，获得轨道变压器的宽频模型如图 5-5 所示。

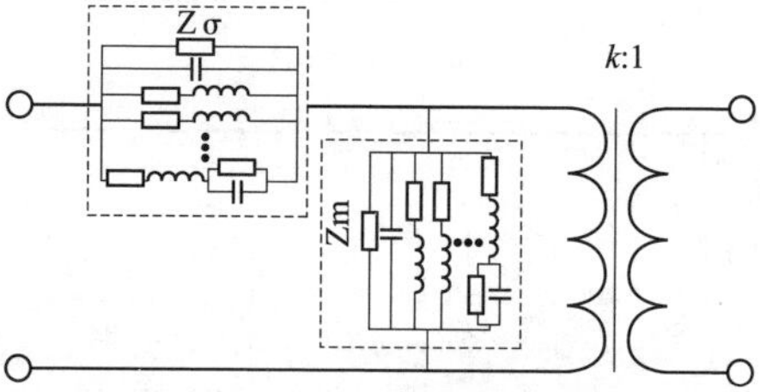

图 5-5　变压器的宽频模型

三、模型验证

建立了变压器宽频模型后，按图 5-6 所示搭建实验环境进行模型的正确性验证，采集实际轨道电路系统中轨道变压器输入和输出的脉冲信号波形，并用数字记录仪同步记录，分别为 $u_i(t)$ 和 $u_o(t)$。然后将所测激励电压波形 $u_i(t)$ 作为仿真中模型的输入波形，仿真计算获取输出响应 $u'_o(t)$，与实验获取的电压波形 $u_o(t)$ 对比，以验证模型的正确性。

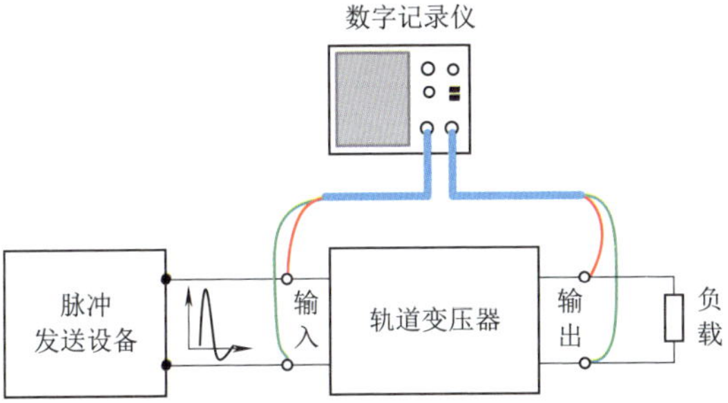

图 5-6　模型验证试验布置图

验证环境中选择脉冲发送设备的电源电压为 220 V、50 Hz，脉冲频率 4 Hz，送端电阻 35 Ω，变压器变比 3.6∶1，负载 5 Ω，通过实验验证实测波形和仿真波形的对比曲线如图 5-7 所示，从中可以看出，波形吻合性较好，脉冲峰头电压误差在 5%以内。

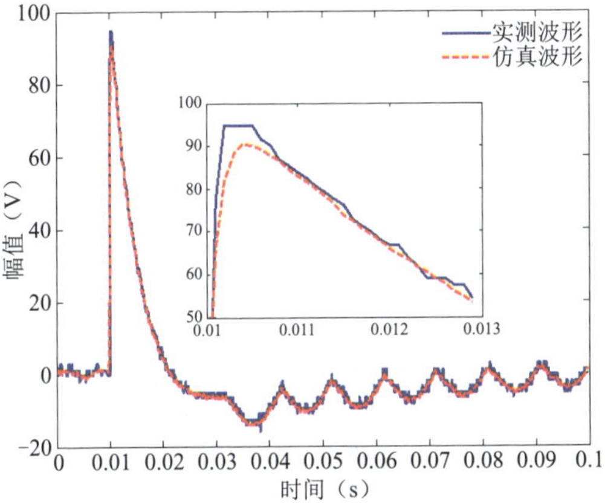

图 5-7　轨道变压器波形对比曲线

第三节　钢轨宽频建模及验证

钢轨是轨道电路最主要的传输媒介，其阻抗参数很大程度上决定了轨道电路的传输特性。建模时可将钢轨可看作图 5-8 所示的放置于地面上双导线系统。

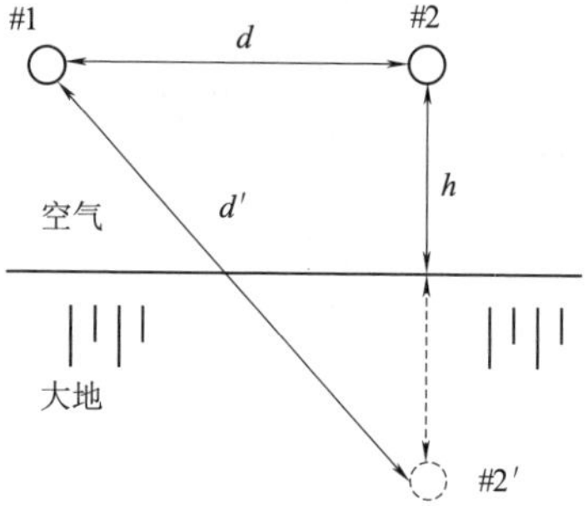

图 5-8　地面双导线系统阻抗模型

根据多导体传输线理论[12,13]可知，两个等效半径为 r_w 的导体 1 和导体 2 的自阻抗及互阻抗计算公式为：

$$Z_i=\frac{\gamma_i \coth(0.777\gamma_i r_w)}{2\pi\sigma r_w}+\frac{0.356}{\pi\sigma r_w^2}+\frac{j\omega\mu_0}{2\pi}\ln\left(\frac{2h}{r_w}\right) \tag{5-2}$$

$$\gamma_i=\sqrt{j\omega\sigma\mu} \tag{5-3}$$

$$Z_m=\frac{j\omega\mu_0}{2\pi}\ln\left(\frac{d'_{12}}{d_{12}}\right)=\frac{j\omega\mu_0}{2\pi}\ln\left(\frac{\sqrt{4h^2+d^2}}{d}\right) \tag{5-4}$$

其中 Z_i 为导体自阻抗，Z_m 为导体的互阻抗，d_{12} 为两根导体间距离，h 为导体距地面的距离，d'_{12} 为导体 1 距离导体 2 的镜像导体 2′的距离，σ 为导体电导率，μ 为导体相对磁导率，r_w 为等效圆柱形导体半径。

由于钢轨截面为不规则的工字型，在利用式(5-2)～式(5-4)计算时，需将钢轨等效为圆柱体进行求解，等效方法有等面积法和等周长法或两者同时考虑的混合等效法，但无论采用哪种等效方法，都不可避免地带来一些误差。因此本文采用电磁场有限元分析的方法，利用仿真软件 Comsol 进行钢轨的建模。Comsol Multiphysics 是一套数值计算模拟软件包，通过有限元方法模拟各种偏微分方程问题，它可以求解包络电磁场在内的多物理场问题，用户界面友好。

一、有限元建模过程

利用 Comsol 对钢轨进行建模时，选择 60 kg/m 规格，尺寸采用 GB 2585—2007 的规定，轨距选择 1 435 mm，建模时将剖分区域分为钢轨、道床、大地、空气四个区域，其参数设置见表 5-4。

表 5-4　有限元各区域材料参数设置表

区域	电导率(S/m)	相对磁导率	相对介电常数
钢轨	7×10^6	100	1
道床	0.001	1	1
大地	0.1	1	10
空气	0	1	1

在网格剖分时，剖分的粗细程度关系到有限元计算的效率和精确度。因为钢轨中有高频信号时会存在集肤效应，即大部分电流将分布于钢轨的周边，而其内部几乎没有电流分布，因此在剖分时对钢轨周边细分、内部粗分，为此采用边界层剖分（Boundary layer property），即由内向外扩展剖分，逐渐增大网格尺寸，扩展层数为 15 层，初始单元尺寸为 0.5 mm，网格扩展因子为 1.1，此时可保证在一个集肤深度内至少有 4 层网格，最终钢轨剖分模型如图 5-9 所示。

而对钢轨外的大区域，如道床、空气和大地，进行大网格剖分，得到整个区域的剖分模型如图 5-10 所示。

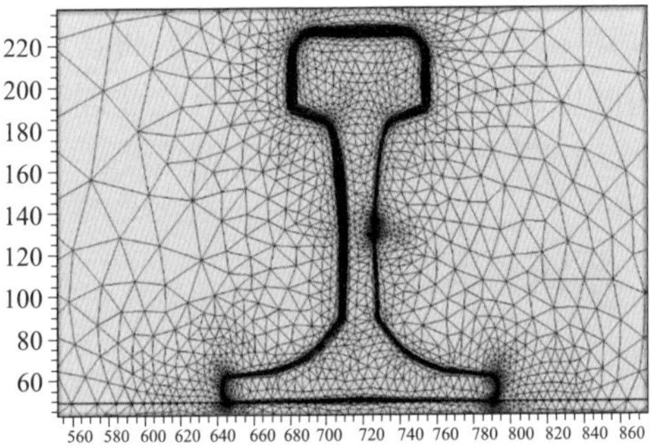

图 5-9　钢轨剖分模型

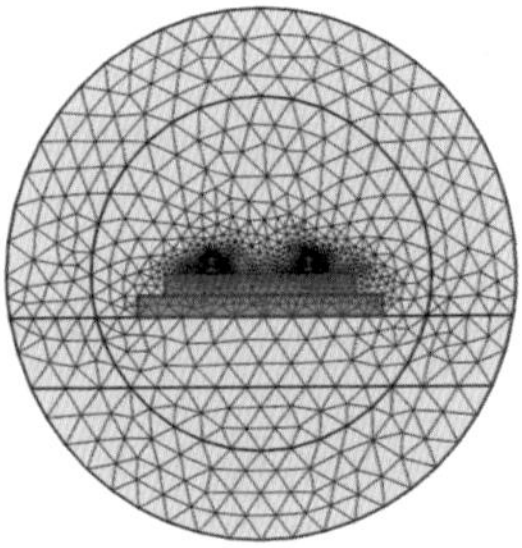

图 5-10　路基轨道整体剖分模型

二、模型验证

利用上述模型计算 0～3 000 Hz 频率范围内，钢轨回路的钢轨电阻和电感如图 5-11、图 5-12 所示。将其中的 50 Hz、1 700 Hz、2 000 Hz、2 300 Hz、2 600 Hz 的电阻、电感参数与 TB 10007—2006 中规定的钢轨参数进行对比，误差在5%以下，且均呈现以下特点：

(1)钢轨电阻随频率增大而增大；

(2)钢轨电感随频率增大而减小。

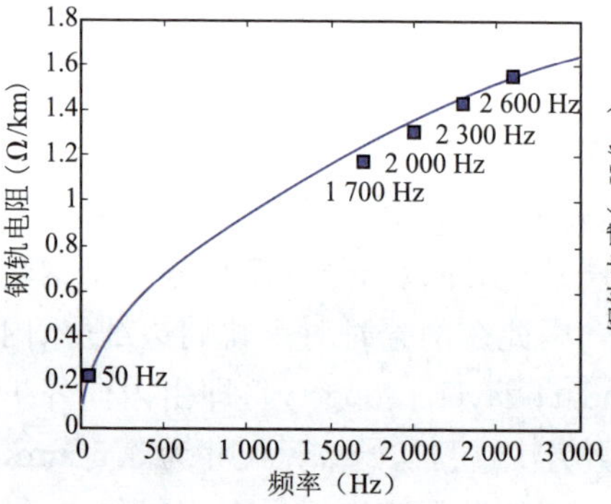

图 5-11 钢轨电阻随频率变化图

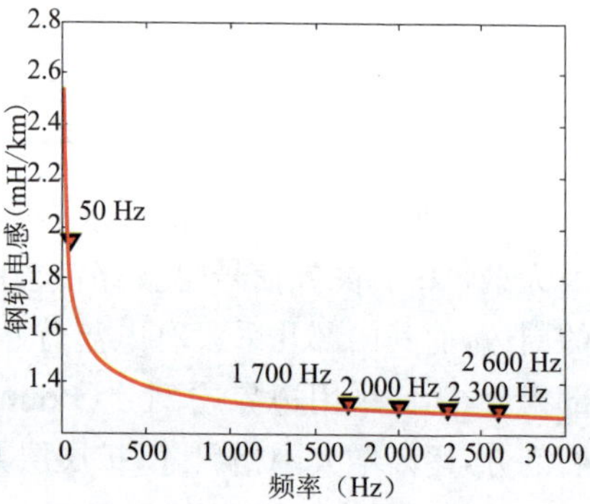

图 5-12 钢轨电感随频率变化图

三、电路模型转换

利用有限元法获得了钢轨电阻、钢轨电感的频变参数，将这些参数进行矢量匹配拟合和电路综合，得到单位长度下的钢轨阻抗模型，将这些分布参数转换成集中参数表示的实际电路，便可利用电路仿真软件进行仿真了，转换方法可采用均匀传输线理论中的Π型等效或T型等效。

第四节 系统模型验证

针对不对称高压脉冲轨道电路系统中的频变设备，如变压器、钢轨，利用矢量匹配法建立了其宽频电路模型；而对于其中的非频变设备，如发送设备、接收设备、调整电阻等，直接在仿真软件中选择对应的电路模型。然后按照系统结构图在Matlab/Simulink中搭建系统的仿真电路模型，便构成了不对称高压脉冲轨道电路的系统仿真模型。

为了验证模型的正确性，选择了韶山站3个股道区段、9个道岔区段进行测试对比。该站全部为非电气化区段、标准轨距，股道采用叠加国产移频4信息电码化，长度分布在500 m左右，都未加补偿电容；测试时天气晴朗，故认为道砟电阻为∞;送、受端变压器变比为3.6∶1;送、受端电缆、区段长度根据实际施工图坐标进行确定;发送电平级、限流电阻等通过调看现场调整参考表获得。配置完成后得到测试与仿真的接收端电压见表5-5。

表5-5　现场区段仿真及测试结果对比

区段名称	区段长度（m）	测试值（V）	仿真值（V）	误差
3G	492	232	249	7.3%
4G	491	206	214	4.1%
5G	393	273	287	5.1%
1DG	424	169	179	5.9%
9DG	73	200	193	−3.4%
3-5DG	118	218	225	3.0%
7DG	72	215	220	2.5%
11DG	55	224	235	5.0%
8DG	64	237	235	−1.0%
6DG	59	235	256	9.0%
2DG	59	226	225	−0.1%
4DG	31	231	234	1.2%

从表5-5可知,这12个区段中仿真误差均在10%以内,7个区段误差在5%以内。

附录　TB/T 3553—2019　轨道电路系统不对称高压脉冲轨道电路

1　范　　围

本标准规定了不对称高压脉冲轨道电路的技术要求，是不对称高压脉冲轨道电路研究、设计和制造的技术准则。

本标准适用于站内及非自动闭塞车站预告（接近）的机械绝缘节区段的轨道电路，不适用于驼峰溜放区段的轨道电路。

2　规范性引用文件

下列文件对于本文件的应用是必不可少的。凡是注日期的引用文件，仅注日期的版本适用于本文件。凡是不注日期的引用文件，其最新版本（包括所有的修改单）适用于本文件。

GB/T 21562—2008　轨道交通　可靠性、可用性、可维修性和安全性规范及示例（IEC 62278：2002，IDT）

GB/T 24338.1—2018　轨道交通　电磁兼容　第1部分：总则

GB/T 24338.5—2018　轨道交通　电磁兼容　第4部分：信号和通信设备的发射与抗扰度

GB/T 28808—2012　轨道交通　通信、信号和处理系统 控制和防护系统软件（IEC 62279：2002，IDT）

GB/T 28809—2012　轨道交通　通信、信号和处理系统 信号用安全相关电子系统（IEC 62425：2007，IDT）

TB/T 2465—2010　铁路车站电码化技术条件

TB/T 2615—2018　铁路信号故障—安全原则

TB/T 2852—2015　轨道电路通用技术条件

TB/T 3498—2018　铁路通信信号设备雷击试验方法

TB/T 3177—2018 铁路信号技术中采用电子元器件时应遵循的主要安全条件

3 术语和定义

下列术语和定义适用于本文件。

3.1

脉冲峰头电压 positive polarity peak voltage

脉冲信号最高的正电压。

3.2

脉冲峰尾电压 negative polarity peak voltage

脉冲信号最低的负电压。

3.3

不对称高压脉冲 asymmetric high voltage impulse

一个周期内峰头电压、峰尾电压幅度不同的脉冲。

4 环境条件

4.1 工作环境温度为：

a)室内：−5 ℃～+40 ℃，高寒地区的无温度控制场所：−25 ℃～+40 ℃；

b)室外：−40 ℃～+70 ℃。

4.2 相对湿度为：

a)室内：不大于85%(温度为30 ℃时)；

b)室外：不大于95%(温度为30 ℃时)。

4.3 大气压力为：

a)不低于70.1 kPa(常规型：海拔不超过3 000 m)；

b)不低于54.0 kPa(高原型：海拔不超过5 000 m)。

4.4 振动条件为：

a)室内：在10 Hz～150 Hz时应能承受加速度为5 m/s^2 的正弦稳态振动；

b)室外：在10 Hz～500 Hz时应能承受加速度为10 m/s^2 的正弦稳态振动。

4.5　周围无腐蚀性和无引起爆炸危险的有害气体。

5　技术要求

5.1　系统技术要求

5.1.1　轨道电路的故障—安全原则应遵循 TB/T 2615—2018 的规定。

5.1.2　轨道电路应符合 TB/T 2852—2015 相关的要求。

5.1.3　轨道电路的电子器件主要安全条件应符合 TB/T 3177—2018 的要求。

5.1.4　轨道电路的开发生命周期过程应符合 GB/T 21562—2008 的要求，安全完整性等级应满足 GB/T 28808—2012、GB/T 28809—2012 中 SIL4 级要求。

5.1.5　轨道电路用于交流电力牵引区段时，钢轨电流不平衡系数不应大于 10%，且不平衡牵引电流不应大于 100 A。不平衡电流的试验方法在附录 A 给出。

5.1.6　轨道电路发送端和接收端的室外电缆单线直流电阻均不大于 25 Ω。

5.1.7　轨道电路应实现一次调整。

5.1.8　钢轨阻抗标称值应满足表 1 要求。

表 1　钢轨阻抗

电阻 Ω/km	电感 mH/km
0.308	2.508

5.1.9　轨道电路的标准分路电阻为 0.15 Ω。

5.1.10　轨道电路迂回回路长度不小于 3 km 的条件下，轨道区段空闲时，当轨道电路出现钢轨引接线断线，本轨道电路应表示为占用状态。示意图在附录 B 中给出。

5.1.11　轨道电路的极限长度应符合表 2 要求。

表 2　轨道电路的极限长度

区段类型		最小道砟电阻 Ω·km	轨道电路极限长度 m
股道及无岔区段		0.6	不小于 900
道岔区段			不小于 400
接近区段	非电码化	1.0	不小于 1 200
	叠加电码化		不小于 900
一个区段的道岔数量不宜超过两个，一个区段的接收端数量不应超过三个。 无受电分支长度不应超过 65 m。 **注：**本表中道岔区段长度为直股长度与所有受电分支长度之和。			

5.1.12　计算轨道电路调整状态时，在最不利条件下，其接收设备的可靠工作值应取其工作值的 120%。

5.1.13　计算轨道电路分路状态时，在最不利条件下，其接收设备的可靠不工作值应取其释放值。

5.1.14　轨道电路的轨面脉冲峰头电压应为 10 V～200 V，脉冲峰头电压、峰尾电压如图 1 标注。

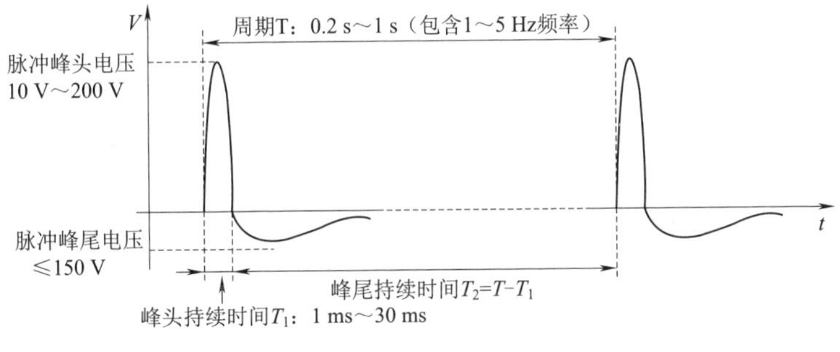

注 1：T—周期；T_1—峰头持续时间；T_2—峰尾持续时间

注 2：测试位置为轨面

图 1　脉冲信号波形示意图

5.1.15　轨端绝缘破损或相邻位置扼流变压器单侧断线不应失去分路检查。

5.2 设备技术要求

5.2.1 轨道电路单台设备的平均故障间隔时间(MTBF)不应小于 1.5×10^5 h。发送设备、接收设备构成冗余系统时,冗余系统的平均故障间隔时间(MTBF)不应小于 1×10^6 h。

5.2.2 轨道电路接收设备的吸起延迟时间不应大于 2.5 s,落下延迟时间不应大于 1.5 s。

5.2.3 轨道电路可具有自检和故障报警功能。

5.2.4 轨道电路区段设置的扼流变压器总数不应超过 4 台,其中空扼流变压器数量不应超过 1 台。

5.2.5 轨道电路每台发送设备功耗不应大于 110 VA。

5.2.6 轨道电路上电和工作时产生的冲击不应影响信号电源设备的正常工作。

5.2.7 发送设备供电电源可采用集中供电和分散供电,轨道电路供电电源满足表 3 要求时,轨道电路应正常工作。

表 3 供电电源电压、频率

	频率 Hz	供电方式	电压 V
交流	50±0.5	分散供电	176～242
	25±0.3		
	50±0.5	集中供电	209～231
	25±0.3		
直流	—	—	23～25

5.3 电码化要求

5.3.1 轨道电路实施电码化时应除满足轨道电路本身要求,还应符合 TB/T 2465—2010 的要求。

5.3.2 轨道电路应能适应电码化的送端发码、受端发码、送受端同时发码的使用需要。

5.4 电磁兼容与雷电防护要求

5.4.1 轨道电路设备电磁兼容性应符合 GB/T 24338.5—2018 相关规定,性能判据应符合 GB/T 24338.1—2018 中 A 级要求。

5.4.2 轨道电路系统雷电防护应符合 TB/T 3498—2018 相关规定,判定条件应符合 B 类要求。

附　录　A
（资料性附录）
不平衡电流试验

A.1　试验电路

不平衡电流试验原理见图 A.1。

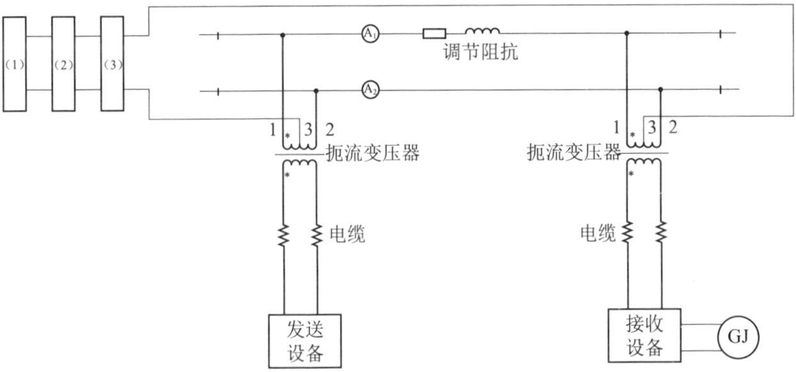

注:(1)—调压器;(2)—闸刀开关;

(3)—三相变单相变压器;A_1、A_2—变流电流表,准确度不低于 0.5 级。

图 A.1　不平衡电流试验原理图

A.2　试验步骤

调整图 A.1 中的(1)、(2)、(3)、调节阻抗,根据公式(A.1)确定所测不平衡电流值,然后试验在连续、间断不平衡牵引电流干扰下,轨道电路能正常工作。

$$A = |A_1 - A_2| \quad (A.1)$$

式中

A——不平衡电流值;

A_1——A_1 电流表所测电流值;

A_2——A_2 电流表所测电流值。

附　录　B
（资料性附录）
钢轨引接线断线检查示意

钢轨引接线断线检查示意见图 B.1。

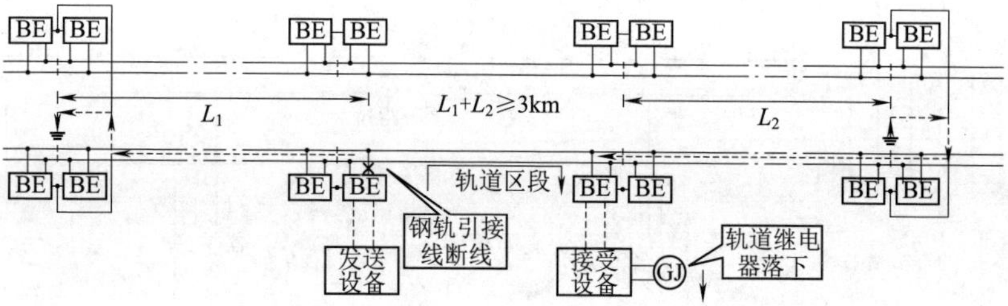

注：BE—扼流变压器

图 A.2　钢轨引接线断线检查示意图

参考文献

[1] 张德全．站内不对称脉冲轨道电路[J]．铁道学报，1984，6(3)：34，69.

[2] 中华人民共和国铁道部．TJ/DW 146—2012 不对称高压脉冲轨道电路暂行技术条件[S].

[3] 中国铁路总公司．TG/XH 101—2015 普速铁路信号维护规则[S]．北京：中国铁道出版社，2015.

[4] 刘连光，于永富，宗伟，等．地磁暴干扰轨道电路工作的仿真计算研究[J]．铁道学报，2015，37(8)：48-52.

[5] ZHAO L H，LIN Z K，LIU W N. The Compensation Capacitors Fault Detection Method of Jointless Track Circuit Based on DBWT and WR [C]//IEEE International Conference on Intelligent Computing and Intelligent Systems，2009：875-879.

[6] 乔志超．UM2000 无绝缘轨道电路信号解调算法研究[D]．北京：清华大学，2013.

[7] NEDELCHEV N. Jointless Track Circuit Length [J]. IEE Proceedings：Electric Power Applications，1999，146(1)：69-74.

[8] 布列也夫，克拉夫错夫，希师良柯夫．轨道电路的分析与综合[M]．孙铭甫，译．北京：中国铁道出版社，1981.

[9] 费锡康．无绝缘轨道电路原理及分析[M]．北京：中国铁道出版社，1993.

[10] GUSTAVSEN B，SEMLYEN A. Rational Approximation of Frequency Domain Responses by Vector Fitting [J]. IEEE Trans. Power Delivery. 1999，14(3)：1052-1061.

[11] HOT E C. RLC Transfer Function Synthesis [J]. IRE Trans. Circuit Theory. 1956：188-190.

[12] 杜学龙,王智新,邹军. 考虑大地影响高速铁路轨道电路互阻抗快速计算简化公式[J]. 电工技术学报,2016,31(4):1-6.
[13] 马信山,张济世,王平. 电磁场基础[M]. 北京:清华大学出版社,2008.
[14] 全国钢标准技术化委员会. GB 2585—2007 铁路用热轧钢轨[S]. 北京:中国标准出版社,2007.
[15] 国家铁路局. TB 10007—2015 铁路信号设计规范[S]. 北京:中国铁道出版社,2015.